上海出版资金项目
Shanghai Publishing Funds

"十三五"国家重点图书出版规划项目
上海市新闻出版专项资金资助项目
新时代生态文明法律制度体系研究丛书
丛书总主编　陈晓景　李国敏

生态补偿法律制度研究
——以南水北调中线工程沿线为例

陈晓景　等著

立信会计出版社
LIXIN ACCOUNTING PUBLISHING HOUSE

图书在版编目(CIP)数据

生态补偿法律制度研究：以南水北调中线工程沿线为例／陈晓景等著．—上海：立信会计出版社，2019.12
（新时代生态文明法律制度体系研究丛书）
ISBN 978-7-5429-6373-4

Ⅰ．①生…　Ⅱ．①陈…　Ⅲ．①南水北调—水利工程—生态环境—补偿机制—研究—中国　Ⅳ．①TV68 ②X321.2

中国版本图书馆CIP数据核字(2021)第245857号

策划编辑　窦瀚修
责任编辑　窦瀚修

生态补偿法律制度研究：以南水北调中线工程沿线为例

出版发行	立信会计出版社		
地　　址	上海市中山西路2230号	邮政编码	200235
电　　话	(021)64411389	传　　真	(021)64411325
网　　址	www.lixinaph.com	电子邮箱	lixinaph2019@126.com
网上书店	http://lixin.jd.com		http://lxkjcbs.tmall.com
经　　销	各地新华书店		

印　　刷	苏州市古得堡数码印刷有限公司	
开　　本	710毫米×1000毫米	1/16
印　　张	14.25	
字　　数	263千字	
版　　次	2019年12月第1版	
印　　次	2019年12月第1次	
书　　号	ISBN 978-7-5429-6373-4/T	
定　　价	88.00元	

丛书序

目前,我国已进入中国特色社会主义新时代,人民对“美好生活”的需求越来越强烈,人民对“美丽环境”的需求也越来越突出。如果说经济上富有、能享受良好的教育、身体健康、有时间去游历名山大川等都是人们对“美好生活”的具体需求,那么在排除社会收入分配不公和差距过大的情况下,社会经济发展水平应该与这些需求的满足水平成正相关关系。也就是说,社会经济发展水平越高,人们的收入水平也越高;社会经济发展水平越高,人们可享受的教育资源和教育条件也越好;社会经济发展水平越高,人们游览国内外名山大川、名胜古迹的机会也越多;社会经济发展水平越高,人们越注重以合理的节奏工作和生活,人们的身体将更加健康。实际上,社会经济发展水平与“美丽环境”和“美好生活”需求之间似乎并不存在正相关关系。经济学家所说的“负外部性”、政治学家所说的绝不走“先污染后治理的老路”以及法学家所说的“普遍环境责任”等都告诉我们,人们追求的“美丽环境”和“美好生活”曾经且还在继续受到经济活动释放的“负外部性”影响,人们不得不为“营建发展”造成的非自然因素成本“买单”。虽然按“创新发展理念”实现的发展会在很大程度上消解经济活动的“负外部性”影响,但这种影响不会被永久消除。“美好生活”的实现需要我们付出新的努力,而“美丽环境”的实现需要我们付出更大的努力。

由陈晓景和李国敏担任总主编的这套"新时代生态文明法律制度体系研究丛书"的创作和出版，是环境学界、热心环保人士和环保组织等为实现"美丽环境"和"美好生活"做出努力的一部分。这套丛书的创作和出版既是学术盛事，也是为人民谋取美好生活的"义举"。

古人云："君子务本，本立而道生。"这套"新时代生态文明法律制度体系研究丛书"立足我国生态文明法治建设的实际需求，致力于生态文明法律制度根本问题的研究，在某些方面实现了生态文明法律制度体系理论研究的创新发展。据我了解，迄今为止，国内尚未出版过以"新时代生态文明法律制度"为主题的系列学术著作。"新时代生态文明法律制度体系研究丛书"填补了我国该领域学术著作出版的空白，它将对环境保护实务界，尤其是环境法学界，带来巨大的知识冲击和学术冲击，它或将掀起新时代生态文明法律制度研究的热潮，带动更多的学者，尤其是环境法学者，为建设"美丽中国"、实现人民对"美好生活"的向往而贡献智慧和力量。

"新时代生态文明法律制度体系研究丛书"各分册的选题主要围绕环境法学研究的两个重点领域展开，一是沿着已经建立或奠基的环境保护制度做加强制度建设的努力，即研究怎样使这些制度建设水平更高、质量更高，如《生态补偿法律制度研究——以南水北调中线工程沿线为例》《低碳发展下环境治理体系理论创新及法律制度建构研究》《企业环保信用评价法律制度研究》《新时代环境财政法律制度研究》《绿色金融法律制度研究》；二是对生态文明建设、环境法制建设做应然选择的尝试，即研究在新时代生态文明建设的任务面前，我们应当怎样建设和完善环境法，如《生态保护优先原则及其法律制度因应》《新时代环境保护法律制度检视与重构》《中国生态系统管理范式与法律制度建构研究》。这两个研究领域都是我国环境保护实务界和环境法学理论界高度关注的领域。因此，这套丛书的出版有望对环境保护实务研究和环境法学理论研究带来双重推动。

徐祥民

2018 年于青岛海滨寓所

前　言

南水北调，利国利民。截至2019年，南水北调中线一期工程累计调水已达300亿立方米，其在优化我国水资源配置格局的同时，有力支撑了受水区和水源区经济社会发展。当然，南水北调中线工程在取得重大综合效益的同时，工程沿线各级地方政府、企业、居民等相关主体也为此作出了巨大贡献与牺牲，因此对这些主体的利益进行补偿显得十分必要和迫切。同时，建立南水北调工程沿线生态补偿制度也是我国生态文明建设促民生、稳民心、求发展的基础保障。

然而，南水北调工程作为世界上最大的远距离、跨流域调水工程，其自身具有结构复杂、自然属性与人工属性相结合、系统易变等特征，已形成特有的人工与自然生态系统。由于该系统具有不同于自然流域的独特生态系统结构和功能特征，对其进行的生态补偿也不同于对自然流域、重点功能区等类型主体进行的生态补偿。南水北调中线工程由于其独特的生态系统属性、法律内涵及制度体系，需要建构协调多主体、多层次、多领域环境利益的生态补偿制度。

本书通过回顾国内外生态补偿制度理论与实践的发展历程，在分析生态补偿制度的新样态——南水北调中线工程沿线生态补偿制度的基础上，进一步明确生态补偿制度的价值定位，拓展生态补偿的范围和方式，构建生态补偿长效机制，完善生态补偿运作规范，以期对补充完善我国生态补偿制度理论与实践内容具有一定的推动作用。

本书是 2018 年国家社科基金年度重点项目《南水北调工程生态系统保护法律制度创新研究》(项目编号：18AFX022)的阶段性成果，由项目负责人河南财经政法大学陈晓景教授拟定整体框架，各章分工如下：第一章由李依林、杜子润执笔；第二章由陈晓景、陈科睿执笔；第三章由梁增然、陈雯执笔；第四章由刘慧敏、韩凌月执笔；第五章由段帷帷、靳文娟执笔；第六章由张景玥、高亮执笔。

本书在撰写过程中参考了大量已出版和发表的国内外相关研究成果，在此向这些学术成果的作者致以诚挚的谢意。此外，河南省南水北调中线工程建设管理局、立信会计出版社对本书的出版给予了大力支持和帮助，作者在此表示衷心的感谢。

尽管我们殚精竭虑，力求尽善尽美，但由于水平和时间有限，书中的疏漏和不妥之处在所难免，敬请各位专家及广大读者不吝赐教，提出宝贵的意见和建议。

作者

2019 年 10 月于郑州

目　录

第一章　生态补偿制度理论与实践综述

近年来，生态补偿制度日渐成为环境保护制度体系的重要组成部分，从国外“生态服务付费”的实施到我国生态补偿概念的提出和制度落实，生态补偿制度的理论和实践也在不断地演进和深化。

第一节　国内外生态补偿制度理论研究述评

通常认为，生态补偿(Eco-compensation)制度是以保护和可持续利用生态系统服务功能为目的，以经济手段为主调节生态系统开发、利用、收益等相关者的利益关系，保障生态受益者向生态产品与服务提供者支付物质补偿的各种规则安排。[①] 生态补偿制度更可抽象为利用法律规范手段形成的特定法律关系主体间的互动关系和秩序样态。现代法律是高度建制化的制度性事实，与伦理和道德相比，其具有确定性、可预测性和程序性特征。采用法律制度形式规范生态补偿，能在更大范围内促进生态环境保护绩效实现迅速提升。近年来，国内外对生态补偿制度研究方兴未艾，极大地推动了生态补偿理论的发展。

一、我国生态补偿制度理论研究述评

我国生态补偿制度理论研究是伴随生态补偿的实践而逐步发展的，在不同的阶段，研究的范围和侧重各有不同。2005 年 12 月，国务院发布

① 黄润源.生态补偿法律制度研究[D].上海：华东政法大学，2009.

《国务院关于落实科学发展观加强环境保护的决定》明确提出要建立生态补偿机制。之后，学术界对生态补偿制度的研究日趋热化，研究的广度与深度也不断加强。现有研究主要围绕以下五个方面的内容展开。

（一）生态补偿概念

我国的生态补偿概念最早由福建林学院张诚谦于 1987 年 10 月在《论可更新资源的有偿利用》中提出："所谓生态补偿就是从利用资源所得到的经济收益中提取一部分资金并以物质或能量的方式归还生态系统，以维持生态系统的物质、能量、输入、输出的动态平衡。"①生态补偿在 20 世纪 90 年代是基于"受益者付费和破坏者付费"原则制定的一项环境经济政策，这种机制是按照"谁受益、谁补偿"的基本原则建立起来的，主要用于处理区域性生态环境保护中保护者与受益者之间的利益关系协调，帮助培育生态产品购买者，增加市场需求，并根据"谁受益，谁付费"的原则，督促森林生态效益的受益者支付其受益的森林生态产品的费用，促进生态市场的发展。简单地说，生态补偿机制就是：谁污染，谁治理；谁受益，谁补偿。"谁污染，谁治理"指环境破坏者付费补偿修复环境，很多地方政府也都有相应的条例落实。

随着对生态补偿认识的深化，学者们大致形成了从"物—物"关系到"人—人"关系的系统认识。

第一种观点认为，生态补偿最初源于自然生态补偿。《环境科学大辞典》曾将生态补偿定义为"生物有机体、种群、群落或生态系统受到干扰时，所表现出来的缓和干扰、调节自身状态，使生存得以维持的能力，或者可以看作生态负荷的还原能力"，这是对生态补偿的直观解释，着重强调了自然生态系统的自我修复功能。陈晓景认为，自然生态补偿是"自然生态系统对由社会、经济活动造成的生态环境破坏所起的缓冲和补偿作用"②，主要强调人类社会经济活动对生态的影响，以及自然生态系统的缓冲适应能力。

第二种观点认为，生态补偿就是在有限资源条件下，人们通过采取措

---

① 张诚谦.论可更新资源的有偿利用[J].农业现代化研究，1987(05)：22-24.

② 陈晓景.流域管理法研究：生态系统管理的视角[D].青岛：中国海洋大学，2006.

施确保生态环境质量或功能的行为，从而达到确保区域内生态平衡的目的。①

第三种观点从利益关系角度出发，指出生态补偿是将生态保护的外部性内部化，是对行为或利益主体的补偿。章铮认为，生态环境补偿就是为了控制生态破坏而征收的费用，其目的是使外部成本内部化。② 庄国泰等认为，生态环境补偿是对自然生态环境价值进行的补偿，是为损害生态环境而承担费用的一种责任，生态环境补偿的目的在于利用经济手段制约损害生态环境的行为。③ 王钦敏将生态补偿定义为"对生态环境产生破坏或不良影响的生产者、开发者、经营者应对环境污染、生态破坏进行补偿，对环境资源由于现在的使用而放弃的未来价值进行补偿"。④ 显然，这里生态补偿的主要意义在于资源的有偿使用。从理论上看，建立这类生态补偿类型的依据在于：其一，资源的稀缺性，经营者的行为在某种程度上减少了社会未来的选择机会，形成了局部受益和全社会平摊资源代价的关系，因此资源的经济受益者有义务对社会做出一定的价值补偿；其二，征收生态补偿类税费的目的是通过提供一种减少生态环境损害的经济刺激手段，遏制单纯资源消耗型经济增长，提高生态资源利用率，尽量减少由经营者的资源利用行为造成的直接环境损害。

总体来看，20 世纪 90 年代前期，生态补偿主要是指破坏生态环境者承担赔偿责任，而 20 世纪 90 年代后期以来，生态补偿机制则更多地指对生态环境保护者、建设者的一种利益驱动机制、激励机制和协调机制。生态补偿不仅包括对生态环境功能和损害的直接补偿，还包括对生态环境密切相关群体的利益调整。更深和更高层次的生态补偿是指人类社会为了维持生态系统对社会经济系统的可持续支持能力，从经济社会系统向生态系统进行的"反哺投入"，这种"反哺投入"表现为对生态环境保护和建设的相关行为主体进行经济或政策上的奖惩，以经济手段调整或保护

---

① 冯刚.新农村建设中经济与生态保护协调发展模式研究[D].北京：北京林业大学，2008.

② 章铮.环境与自然资源经济学[J].环境保护，1997(09)：36-39.

③ 庄国泰，高鹏，王学军.中国生态环境补偿费的理论与实践[J].中国环境科学，1995(06)：413-418.

④ 王钦敏.建立补偿机制　保护生态环境[J].求是，2004(13)：55-56.

生态环境主体间的利益关系，将生态环境的外部性进行内部化，起到维持、增进自然资本（包括自然生态资源和自然环境容量）存量或者抑制自然资本耗竭和破坏过程的作用，最终促进自然环境以及社会经济系统本身可持续发展。①

（二）生态补偿主体

根据国内学者的相关研究，生态补偿主体主要有本国政府、企业、公民、社会组织、外国政府。

（1）本国政府。本国政府是实施生态补偿的经常主体②，包括中央政府补偿主体和地方政府补偿主体。就目前国情来看，本国政府将在相当长的一段时间内成为主要的补偿主体。而在国家生态补偿体系中，中央政府是最主要的补偿主体。

（2）企业。企业成为生态补偿主体，是因为企业所从事的生产经营活动几乎都涉及自然资源的利用和对生态环境的影响，而且企业往往是导致生态环境问题的主要“肇事者”。③ 在现代社会，企业成为越来越重要的生态补偿主体，如阿里巴巴集团控股有限公司以扶贫和生态保护为公益目的，通过蚂蚁森林公益平台建立华北豹自然保护地，④在引导民众关注的同时，挖掘自然保护地和当地的特色产品，并通过天猫电商平台进行售卖；在精准扶贫的同时，将部分收益用来建立生态发展基金；在为当地提供生态技术支持的同时，通过产业扶持帮助当地缓解华北豹自然保护地人兽冲突，将守护华北豹做成一项可持续事业，成为生态补偿与扶贫相结合的一种尝试。

（3）公民。公民成为生态补偿主体，主要是因为公民作为生态环境的占用者和自然资源的享用者，其个人生活、家庭生活和个体经营活动会产

---

① 芦海燕.基于生态系统核算的流域生态补偿研究[D].兰州：兰州大学，2019.

② 车东晟.政策与法律双重维度下生态补偿的法理溯源与制度重构[J].中国人口·资源与环境，2020，30(08)：148-157.

③ 张捷，王海燕.社区主导型市场化生态补偿机制研究——基于“制度拼凑”与“资源拼凑”的视角[J].公共管理学报，2020，17(03)：126-138，174.

④ 田甜.马云实验生态脱贫　蚂蚁森林成脱贫平台[EB/OL].(2018-06-07). https://tech.sina.com.cn/i/2018-06-07/doc-ihcqccip8440265.shtml.

生外部不经济性行为。[1] 公民作为补偿主体，不仅需要对自己的直接环境污染行为（如个体或家庭生活产生的生活垃圾）承担补偿责任，还必须为间接的环境污染行为（如消费天然气，合理的天然气价格应该包括环境治理成本）承担补偿责任。

（4）社会组织。作为生态补偿主体的社会组织主要是指非营利性社会组织，其补偿分为两类[1]：一类是社会组织的活动有可能对生态环境产生负面影响，它应承担相当的补偿责任；另一类是纯粹的环境公益组织承担的义务性补偿。社会组织不是生态补偿的经常主体。

（5）外国政府。由于全球生态环境的一体性，生态环境问题的解决已经不是一国之力所能及，国家之间携手合作方能更好地应对当前的生态环境危机。[1]因此，外国政府也是生态补偿的主体。

当前业界关于生态补偿主体的研究，存在主体界定不清问题。根据"谁受益，谁补偿"原则，生态补偿的主体在理论上应是生态环境保护的受益者。由于环境的公共产品特性，所有人都可能成为环境保护行为的受益者，但并非所有的生态受益者都是生态补偿的主体，因此我们在实践中不能将补偿主体界定得过于宽泛，否则会使该制度丧失可操作性。[2] 本书将生态补偿的主体定义为：依照生态补偿法律法规的规定，有补偿权利和行为能力，负有生态环境和自然资源保护职责或义务，且依照法律法规规定或合同约定应当向他人提供生态补偿费用、技术、物资甚至劳动服务的政府机构、社会组织和个人。

（三）生态补偿类型

根据补偿对象的不同，生态补偿可分为生态要素补偿、区域生态补偿、生态功能区补偿、流域生态补偿等多种类型。

（1）生态要素补偿，主要包括森林生态补偿、生物多样性生态补偿、耕地生态补偿、矿产资源生态补偿、草原生态补偿和海洋生态补偿等类型。杨晓阳等认为，我国森林补偿机制应建立科学合理的补偿标准，拓宽基金来源渠道，加强补偿实施监管，完善补偿机制立法，实现森林生态效益补

---

① 张锋，曹俊.我国农业生态补偿的制度性困境与利益和谐机制的建构[J].农业现代化研究，2010，31(05)：538-542.

② 王宪恩，闫旭，周佳龙.我国湿地补水生态补偿机制探析[J].环境保护，2012(04)：48-49.

偿的市场化。[①] 王福兴、姜丽秋认为，生物多样性具有的公共属性决定了我们要通过生态补偿机制来实现生物多样性保护外部性的内部化。[②] 张飞等认为，耕地具有经济价值、生态价值和社会价值，我们要提高耕地资源的配置效率，避免耕地过度流失，保证经济社会的可持续发展，必须使耕地价值得到合理补偿。[③] 景普秋、张复明认为，矿产资源开发中的生态补偿应该将市场机制和计划机制相结合，构建由定价机制、实施机制和监督保障机制构成的矿产资源补偿机制，应该遵循立法约束、政策引导与行政监管相结合的"三位一体"运行模式，重点建设矿产资源综合开发与补偿制度、规范化开采与环境服务付费制度、即时修复与补偿制度、矿区生态恢复制度、矿区转型支持制度五项制度。[④] 马丽伟、李洪影从齐齐哈尔扎龙自然保护区湿地生物多样性角度出发，指出其很难通过市场交换来获取经济效益，必须积极有效地利用生态补偿机制，更好地体现其生态效益。[⑤] 张广帅等提出，为促进海洋开发利用与保护的协调发展，应该开展海洋生态补偿，保障海洋生态系统服务的持续供给。[⑥]

(2) 区域生态补偿，主要包含对我国西部地区生态补偿机制及省级区域生态补偿机制进行的研究。何国梅从国家生态安全角度对我国西部地区生态补偿机制进行了研究，认为必须建立西部全方位的生态补偿机制。[⑦] 此外，隋春花、赵丽从理论角度、功能区划和科学发展观三个方面分析了建立生态补偿的必要性，又从省政府、生态发展区、市政府和当地群

---

① 杨晓阳，张凤臣，柴永煜，等.关于我国森林生态效益补偿制度的思考——以青海海西州森林生态效益补偿实施为例[J].林业资源管理，2007(02)：29-33.

② 王福兴，姜丽秋.生物多样性保护的生态补偿机制[J].经济地理，2008(04)：667-670，687.

③ 张飞，崔延松，孔伟.耕地资源开发中的价值补偿问题研究[J].农业经济，2009(01)：33-35.

④ 景普秋，张复明.我国矿产开发中资源生态环境补偿的制度体系研究[J].城市发展研究，2010,17(08)：75-80.

⑤ 马丽伟，李洪影.扎龙湿地生物多样性保护及其生态补偿机制研究[J].黑龙江科学，2018,9(19)：162-164.

⑥ 张广帅，赵全民，唐晨.我国海洋生态补偿的法律体系和制度框架[J].海洋开发与管理，2019,36(04)：29-33.

⑦ 何国梅.构建西部全方位生态补偿机制保证国家生态安全[J].贵州财经学院学报，2005(04)：4-9.

众四个角度出发，有针对性地提出了广东生态发展区生态补偿机制建设对策。[①] 吴垠、周希桐认为应该结合四川省的特点，从制度、政策、责任主体、补偿对象和补偿方式五个方面考虑建立城乡统筹发展的生态补偿机制。[②]

(3) 生态功能区补偿，主要包括水源涵养区生态补偿、自然保护区生态补偿和主体功能区生态补偿。俞海等指出，建立南水北调中线水源涵养区生态补偿机制，就是要通过解决"为什么补偿，谁来补偿，向谁补偿，补偿多少，如何补偿"等问题，调整相关主体环境利益及其经济利益的分配关系，从而激励生态服务功能提供者的生态保护行为。[③] 戴轩宇、李升峰认为，自然保护区生态补偿可以通过政府主导和市场作用共同实现，其主要支付手段是公共支付手段。[④] 李志强、赵宁认为，国家层面对重点生态功能区旅游生态扶贫的立法缺失，导致实践中普遍存在所在地社区难以参与生态旅游收益分配、林权流转受限、补偿资金融资渠道较少与生态补偿标准不科学等问题。[⑤]

(4) 流域生态补偿。陈瑞莲、胡熠认为，实施流域区际生态补偿是保护流域生态环境、实现流域经济社会可持续发展的重要途径。[⑥] 陈晓勤认为，地方政府合作主导，上级政府监督、协调的联合模式是实现流域生态补偿的最佳途径。[⑦] 赵同谦等通过对我国地表水生态系统服务功能进行研究，认为我国地表水的服务价值是2000年国内生产总值的11%。[⑧] 吕忍等认为，流域生态补偿应当结合我国实际国情研究并完善生态补偿机

---

① 隋春花，赵丽.广东生态发展区生态补偿机制建设探讨[J].经济地理，2010，36(07)：1154-1158.

② 吴垠，周希桐.生态文明建设的四川特色和风格[N].四川日报，2013-04-17(007).

③ 俞海，马赟，冯东方，等.南水北调中线水源涵养区生态补偿[J].环境经济，2006(10)：41-45.

④ 戴轩宇，李升峰.自然保护区生态补偿问题研究——江苏省大丰麋鹿国家级自然保护区案例分析[J].河南科学，2008(04)：472-474.

⑤ 李志强，赵宁.精准扶贫视角下重点生态功能区旅游生态补偿法律机制研究[J].江西理工大学学报，2017，38(06)：21-25.

⑥ 陈瑞莲，胡熠.我国流域区际生态补偿：依据、模式与机制[J].学术研究，2005(09)：71-74.

⑦ 陈晓勤.流域生态补偿中的地方政府合作[J].发展研究，2008(10)：100-103.

⑧ 赵同谦，欧阳志云，王效科，等.中国陆地地表水生态系统服务功能及其生态经济价值评价[J].自然资源学报，2003(8)：443-452.

制，加强政府部门之间的协调交流，统一上下游保护标准，创新资金投入，建立以市场为主的补偿方式。[①]

（四）生态补偿标准

在生态补偿标准的确定方法方面，李甜江等将生态补偿的确定方法分为市场直接法、替代市场法和假想市场法三种。[②]

在生态补偿标准的构建及依据方面，熊鹰等将移民农户生产性土地的丧失以及湿地恢复后其生态服务功能的增加而产生的价值作为补偿的额度标准，探讨了洞庭湖湿地恢复的生态补偿标准。[③] 杨光梅等提出应将直接投入、机会成本和森林生态系统服务功能的效益作为生态补偿标准的依据。[④] 卢世柱认为生态补偿量可以用生态系统服务价值、保护成本、生态破坏损失等来拟定，然后用支付意愿和受偿意愿来修正。同时，他提出用市场方法调节补偿标准，以保证补偿的公平性。[⑤] 张思锋、杨潇利用层次分析法构建了煤炭开采区生态补偿标准体系。[⑥]

在生态补偿标准的计算方面，杨光梅等应用条件价值评估法研究补偿标准。[⑦] 戴轩宇、李升峰应用机会成本法评估江苏省大丰麋鹿国家级自然保护区的生态补偿强度。[⑧] 李晓光等应用机会成本法对海南中部山区进行森林保护的机会成本进行评估，认为土地权属结合机会成本估算是确定区域生态补偿的有效方法。[⑨] 孔凡斌、廖文梅以江西鄱阳湖流域即“五河一湖”为研究对象，利用沿流域主要城市的人均 GDP 和人均工业废

---

① 吕忍，舒楠，樊进.我国流域生态补偿的发展与思考[J].治淮，2019(6)：54-55.

② 李甜江，聂向东，郑和平.生态补偿关键问题的探讨[J].陕西林业科技，2006(2)：61-65.

③ 熊鹰，王克林，蓝万炼，等.洞庭湖区湿地恢复的生态补偿效应评估[J].地理学报，2004(5)：772-780.

④ 杨光梅，闵庆文，李文华.锡林郭勒草原退化的经济损失估算及启示[J].中国草原学报，2007(1)：44-49.

⑤ 卢世柱.涉及自然保护区的建设项目生态补偿机制探讨——以广西林业系统自然保护区为例[J].广西林业科学，2007(2)：95-98.

⑥ 张思锋，杨潇.煤炭开采区生态补偿标准体系的构建与应用[J].中国软科学，2010(8)：106-116.

⑦ 杨光梅，闵庆文，李文华，等.基于 CVM 方法分析牧民对禁牧政策的受偿意愿——以锡林郭勒草原为例[J].生态环境，2006(4)：747-751.

⑧ 戴轩宇，李升峰.自然保护区生态补偿问题研究——江苏省大丰麋鹿国家级自然保护区案例分析[J].河南科学，2008(4)：472-474.

⑨ 李晓光，苗鸿，郑华，等.机会成本法在确定生态补偿标准中的应用——以海南中部山区为，例[J].生态学报，2009，29(09)：4875-4883.

水排放量数据，计算出各城市超标排污量或未使用的排污量，通过比较人均工业废水排量与人均工业总产值之间的效益关系确定排污权价格，得出各城市的补偿或者受偿金额。① 蒋毓琪等以浑河流域森林生态补偿为研究对象，在应用 ArcGIS 9.3 计算流域上游向下游空间转移的森林生态服务价值基础上，利用主成分分析法得到根据浑河流域下游各市县社会经济发展水平测算出来的补偿系数，最终确定浑河流域森林生态补偿标准。②

综上可见，我国生态补偿标准较为笼统，各地生态补偿标准不一。然而，某些标准的制定有悖于社会公平与环境正义，这使得生态补偿制度形同虚设，造成有些地区执行结果存在“过度补偿”或“低补偿”“无补偿”问题，从而引发社会不公问题。部分流域在生态补偿实践中没有考虑地区间财政状况以及经济环境条件的差异，实施统一的补偿标准，显然不合理。另外，在生态补偿中主要考虑水资源的经济价值，忽视自然资源的生态价值，这显然也不合理，相关部门应该在生态补偿标准制定中对此予以考虑。生态补偿标准是确定补多少的问题，生态补偿标准如果不合理，区域公平和正义就难以实现，就会影响生态补偿的效率。

(五) 生态补偿机制设计

(1) 在生态补偿机制立法方面，曹明德提出生态补偿机制是自然资源有偿使用原则的具体体现。他从流域生态补偿、森林资源生态补偿等角度论述了流域上下游之间的利益冲突及对此项制度的不同看法，并对我国生态补偿机制的立法及缺陷提出了一些建设性意见。③ 林涛、梁贤从立法层面分析了我国生态补偿机制存在的问题，提出需加深对生态和生态补偿基本内涵的认识，重构和完善生态补偿机制的法理基础，重新确立生态补偿立法的基本思路，以及修改环境保护基本法、环境保护单行法和刑

---

① 孔凡斌，廖文梅.基于排污权的鄱阳湖流域生态补偿标准研究[J].江西财经大学学报，2013(40)：12-19.

② 蒋毓琪，陈珂，朱少英，等.浑河流域森林生态补偿标准测算[J].水土保持通报，2018，38(6)：206-211.

③ 曹明德.对建立我国生态补偿制度的思考[J].法学，2004(3)：40-43.

法，制定生态补偿法，强化生态补偿资金的融资与管理等。[①] 刘晓莉指出，研究我国市场化生态补偿机制的立法问题，首先要明确的是，建立市场化生态补偿机制是顶层设计，它更需要法律制度作保障；其次要明晰市场化生态补偿的基本内涵；再次要厘清市场化生态补偿机制中政府与市场的关系；最后要科学设定市场化生态补偿机制中的立法边界。[②]

（2）在生态补偿机制模式方面，陈丹红从可持续发展的角度重点研究了生态补偿机制的模式，包括财政转移型生态补偿机制、"反哺式"生态补偿机制、异地开发生态补偿机制、公益性生态补偿机制及生态补偿机制的配套机制。[③] 王让会提出，建立中国生态补偿政策评估体系，是实施环境管理新模式的必然要求。[④] 潘少兵从经济学原理出发，提出了社区参与生态补偿模式。[⑤] 刘彩梅以鄱阳湖生态经济区为例，从可持续发展角度提出了生态资本运营与生态补偿耦合发展的模式，为经济欠发达而生态资源丰富地区构建和优化生态以及经济、社会多赢发展模式提供新的思路。[⑥] 刘薇指出了市场化生态补偿机制的运行模式，即积极发挥市场机制作用，建立生态服务交易市场，力求生态系统服务资源产权市场化。[⑦] 朱丹认为，以往生态补偿机制模式在运作中存在区域发展不平衡、政府补偿比重过大、社会参与度不够等问题。对此，政府推进应与市场化运作相结合，"输入式"补偿模式应与"自主式"补偿模式相结合，生态补偿制度试点应与生态补偿制度扩散相结合，以促进生态补偿机制建设[⑧]。陈国兰立足于云南生态及产业结构特点，分析了云南生态环境与贫困的耦合关系，提出了建立自然保护区政府主导、城市水源地政府和市场并重、矿产资源开发

① 林涛，梁贤.基于立法层面对我国生态补偿机制的认知与思考[J].安徽农业科学，2007(24)：12087-12088.

② 刘晓莉.我国市场化生态补偿机制的立法问题研究[J].吉林大学社会科学学报，2019(1)：47-53.

③ 陈丹红.构建生态补偿机制实现可持续发展[J].生态经济，2005(12)：48-50.

④ 王让会.生态负效应的生态补偿模式[J].新疆环境保护，2007(4)：1-4.

⑤ 潘少兵.生态补偿机制建立的经济学原理及补偿模式[J].安庆师范学院学报(社会科学版)，2008(5)：6-9.

⑥ 刘彩梅.鄱阳湖生态经济区生态资本运营与生态补偿耦合机制研究[D].南昌：青岛大学，2011.

⑦ 刘薇.市场化生态补偿机制的基本框架与运行模式[J].经济纵横，2014(12)：37-40.

⑧ 朱丹.我国生态补偿机制构建：模式、逻辑与建议[J].广西社会科学，2016(09)：108-112.

以企业为主、水能资源开发以企业为主政府协调、省内江河流域政府引导、石漠化等生态脆弱地区政府主导市场为辅的精准扶贫与生态补偿融合的发展模式。①

(3) 在生态补偿方式方面，洪尚群等认为补偿途径和补偿方式多样化是生态补偿的基础和保障。② 刑丽认为，财政手段是我国生态补偿的主要方式，结合生态税费政策的现状，调整资源税费、完善生态税费和生态补偿费是我国生态补偿应采取的主要方式。③ 牛荣从实现西部生态环境可持续发展的角度出发，提出必须通过多样化生态投资补偿方式，激励投资主体参与西部生态环境建设。④ 黄昌硕等从保护水源区生态环境和推进区域经济社会的可持续发展视角出发，结合此前的生态补偿方式，提出水源区生态补偿的方式包括政策补偿、实物补偿、资金补偿、技术补偿、智力补偿、产业补偿、项目补偿等。⑤ 徐永田基于生态补偿方式对生态保护的影响，分析研究了不同模式下的生态补偿方式类型，提出了生态造血型补偿方式。⑥

(4) 在生态补偿范围方面，吕忠梅认为，生态补偿应包括对因环境保护丧失发展机会的区域内居民进行的资金、技术、实物上的补偿或给予的政策优惠，以及为增强环境保护意识、提高环境保护水平而产生的科研、教育费用支出。⑦ 曹明德认为，生态补偿应是生态环境受益人向因生态保护受到利益损害的人进行的补偿。⑧ 杜群认为，生态补偿是对损害资源环境的行为向资源环境开发利用主体进行收费或向保护资源环境的主体提供的利益补偿性措施，其补偿范围是将所征收的费用或补偿性措施的惠

① 陈国兰.云南精准扶贫与生态补偿融合机制的框架及模式探索[J].西南林业大学学报，2019(2)：6-12.

② 洪尚群，吴晓青，段昌群，等.补偿途径和方式多样化是生态补偿基础和保障[J].环境科学与技术，2001(12)：40-42.

③ 刑丽.关于建立中国生态补偿机制的财政对策研究[J].财政研究，2005(1)：20-22.

④ 牛荣.西部生态投资补偿方式及政策研究[D].西安：西北农林科技大学，2007.

⑤ 黄昌硕，耿雷华，王淑云.水源区生态补偿的方式和政策研究[J].生态经济，2009(3)：169-172.

⑥ 徐永田.水源保护中生态补偿方式研究[J].中国水利，2011(6)：28-30.

⑦ 吕忠梅.超越与保守——可持续发展视野下的环境法创新[M].北京：法律出版社，2003：550.

⑧ 曹明德.对建立我国生态补偿制度的思考[J].法学，2004(3)：41.

益通过约定的某种形式转达到因资源环境开发利用或保护资源环境而自身利益受到损害的主体。① 李爱年认为，生态补偿的范围是调节性生态功能的有意提供者和特别牺牲者。②

（5）在生态补偿价值取向方面，业界有四种不同观点。第一种观点认为生态补偿就是对自然主体即生态环境本身的补偿。③ 生态补偿应集中体现为通过一系列经济手段、法律法规和行政措施，对已在人类活动影响下丧失自我反馈与恢复能力的生态系统进行物质、能量的反哺和调节机能的修复。④ 第二种观点认为生态补偿是对包括居民、农户、企业和区域政府在内的社会主体的补偿，是一种利益协调机制和激励手段，通过借助一定的经济补偿手段在生态服务消费者和提供者之间进行利益调节和再分配。⑤ 第三种观点是对前两种观点的折中，认为生态补偿是一个包含自然和社会双重属性的概念，既包括对自然的补偿，又包括对人的补偿。⑥ 第四种观点认为，生态补偿制度的价值包括目的性价值和工具性价值。目的性价值是内在的灵魂，而工具性价值则是外在的形式。生态补偿制度的目的性价值包括环境公平、正义与秩序，其目的指向生态环境利益相关者之间实现利益的重构与平衡，并通过确立环境公平的优先位级，实现生态利益的持续增加。生态补偿制度的工具性价值包括确认性价值、分配性价值和规范性价值。其中，确认性价值体现为以制度形式把生态补偿的目的性价值固定下来，使之具有法律的强制力；分配性价值体现为分配生态主体的权利和义务，实现权责对等的法治原则；规范性价值则体现为生态补偿制度的实施机制。

（6）在生态补偿原则方面，马燕、赵建林提出生态补偿需遵循协调发展、谁利用（受益）谁补偿（付费）、生态利益、公平性补偿等原则。⑦ 徐曼、

---

① 杜群.生态补偿的法律关系及其发展现状和问题[J].现代法学，2005(3)：186.

② 李爱年.生态效益补偿法律制度研究[M].北京：中国法制出版社，2008：51.

③ 庄国泰，高鹏，王学军.中国生态环境补偿费的理论与实践[J].中国环境科学，1995(6)：6.

④ 毛锋，曾香.生态补偿的机理与准则[J].生态学报，2006(11)：3841-3846.

⑤ 郭峰.关于生态补偿涵义的探讨[J].环境经济，2008(10)：18-20.

⑥ 俞海，任勇.中国生态补偿：概念、问题类型与政策路径选择[J].中国软科学，2008(10)：7-15.

⑦ 马燕，赵建林.浅析生态补偿法的基本原则//王金南，庄国泰.生态补偿机制与政策设计[C].北京：中国环境科学出版社，2006：139-145.

田义文提出了效率性原则和可持续发展原则。[①] 常纪文提出了“谁污染，谁破坏，谁赔偿”原则、“谁主管，谁负责”原则、“谁受益，谁补偿”原则。[②] 吴萍等提出了效益原则、公平原则、利益权衡原则、利用者补偿原则。[③] 秦玉才、汪劲提出了“谁开发谁保护，谁受益谁补偿，谁损害谁修复”原则。[④] 王希提出了谨慎预防原则。[⑤] 王清军认为，生态保护补偿要按照“充分发挥市场配置资源的决定性作用和更好发挥政府作用”的基本原则进行。[⑥]

综上所述，当前生态补偿机制研究基本上仍处于理论、方法探讨阶段和案例积累阶段，没有形成有关同类型生态系统（如流域生态系统）服务补偿的系统理论分析框架和制度体系，能相应成为国家应用政策的研究就更少。生态补偿研究尚处于理论和实践应用探索的阶段，生态补偿的理论创新和实践应用发展仍然任重道远。

二、国外生态补偿制度理论研究述评

（一）生态补偿的概念

生态补偿的概念主要是基于人类对环境问题由浅到深的认识逐步萌生并发展成型的，始见于 1976 年西德的“自然保护政策”，美国 1985 年实施的“土地休耕计划”和 1986 年实施的“湿地保护政策”也有所提及。实际上，国外的生态补偿是在生态系统和生物多样性保护的语境下提出的，通常指为“生态多样性补偿”（Biodiversity Offsets，BO）而进行“生态系统服务付费”（Payment for Ecosystem Services，PES）的过程。[⑦] 生态服务付费是指由于享用了生态服务而进行支付的活动。1977 年，Westman 最早提出“自然的服务”（nature’s services）的概念。[⑧] Cuperus 等将生态补

① 徐曼，田义文.生态补偿基本原则的法律构建[J].南昌教育学院学报，2010(6)：193.

② 常纪文.《生态补偿条例》的立法问题[J].前进论坛，2011(7)：52-53.

③ 吴萍，危小禁，袁新海.公益林生态补偿基本原则构想[J].东华理工大学学报(社会科学版)，2012(1)：44-48.

④ 秦玉才，汪劲.中国生态补偿立法：路在前方[M].北京：北京大学出版社，2013：15-16.

⑤ 王希.我国生态补偿法律制度的基本原则研究[D].长春：吉林大学，2015.

⑥ 王清军.法政策学视角下的生态保护补偿立法问题研究[J].法学评论，2018(4)：154-164.

⑦ 任世丹，杜群.国外生态补偿的实践[J].环境经济，2009(11)：34-39.

⑧ WESTMAN W E. How much are nature’s services worth? [J] Science，1977，197：960-964.

偿定义为对生态功能和质量造成损害的补助。①

（二）生态补偿的研究方向

从研究方向来看，由于在内涵上较少存在争议，国外对生态补偿理论基础的研究较少（源自新古典主义环境经济学的外部性理论和公共物品理论是公认最主要的生态补偿理论基础），而对实践方面的研究较为深入。但近年来，也有一些学者从政治学的视角对生态补偿提出质疑。例如，Hecken 和 Bastiaensen 从政治学的角度分析了生态补偿是否合理②；Corbera 等则从政治经济学的视角，结合 PES 项目效率与公平的相关性，抨击了主流的 PES 概念。③

（三）生态补偿的研究视角

国外的一些研究比较全面，宏观层面上注重政府主导作用，研究如何制定法律规范和制度、如何提供政策和资金支持。如 Jack 等从生态、经济和政策设计三个方面明确了激励型生态补偿机制的主要内容；④Engel 等认为生态补偿机制有其局限性，并对此进行了针对性的全面构建。⑤ 随着实践的发展和研究的深入，学者们还十分重视借助统计学和经济学等数学工具进行微观研究，利用市场机制采取各种不同经济手段来解决资源耗竭和生态破坏的问题，由此来关注生态补偿中微观主体的行为与选择问题。例如，美国学者 Larson 在 19 世纪末首次提出了应用于生态补偿的湿地快速评价模型；⑥德国的 Drechsler 和 Johst 以跨学科的生态经济模

---

① CUPERUS R, KEES J C, ANNETTE G P. Ecological compensation of the impacts of a road[J]. Ecological Engineering, 1996(7): 327-349.

② HECKEN V G, BASTIAENSEN J. Payments for ecosystem services: justified or not? A political view[J]. Environmental Science & Policy, 2010, 13(8): 785-792.

③ CORBERA E, BROWN K, ADGER W N. The Equity and Legitimacy of Markets for Ecosystem Services[J]. Development and Change, 2007, 38(4): 152-158.

④ JACK B K, KOUSKYA C, SIMSA K R E. Designing payments for ecosystem services: Lessons from pervious experience with incentive-based mechanisms [J]. Proceedings of the National Academy of Sciences of the United States of America, 2008, 46(6): 32-42.

⑤ ENGEL S, PAGIOLA S, WUNDER S. Designing payments for ecosystem services in theory and practice: An Overview of the Issues[J]. Ecological Economics, 2008, 65(4): 834-852.

⑥ LARSON J S. Rapid assement of wetlands: history and application to management[J]. Elsevier, 1994.

拟程序为基础提出生态补偿方案，旨在对生物多样性进行保护。①

（四）生态补偿的研究角度

国外对生态补偿的研究分别是从生态缓解、补偿自然资本损失和生态系统服务付费等角度进行的。其中，生态缓解的概念和补偿自然资本损失的概念具有一些相同之处，即保持自然资本总量不下降。而生态系统服务付费则主要是指为确保生态系统服务的有效提供，对土地所有者或使用者因改变既有土地使用方式而实施的一种补偿。② 从生态缓解角度来看，通过对生态环境弥补的方式对自然生态环境进行补偿，主要是从保持自然资本存量使之无净损失出发，界定工程开发者对生态破坏所应承担的责任。③ 关于补偿自然资本损失的研究者（大卫·皮尔斯等人）将可持续性引入成本—收益分析时，为保持自然资本总量不下降，提出通过“影子项目”来补偿由其他项目或政策导致的自然资本的下降。基于生态服务付费的研究重点包括生态服务价值评估、生态服务市场类型、PES 的效率与公平、PES 的资金来源渠道、PES 对减缓贫困的影响等方面。④

（五）生态补偿的理论基础

国外有关生态补偿的理论基础研究，主要体现在以下方面。

1. 公共物品理论

“公共物品”的概念是由新古典经济学家 Paul A. Samuelson 提出的，指不论个人是否有消费意愿，都能使全部社会成员获益的物品。“非排他性”和“非竞争性”是公共物品的两个重要特点。公共物品存在非排他性，导致了“搭便车”问题的产生，进而引发“公地悲剧”。⑤

2. 外部性理论

外部性概念由新古典学派的创始人 Alfred Marshall 提出，他认为公

---

① JOHST K, DRECHSLER M, WATZOLD F. An ecological-economic modeling procedure to design compensation payments for the efficient spatio-temporal allocation of species protection measures[J]. Ecological Economics, 2002(41): 37-49.

② 陈冰波.主体功能区生态补偿[M].北京：社会科学出版社，2009：34.

③ 同③35.

④ 同③37.

⑤ 刘勉，黄娅妮.基于萨缪尔森经典定义对公共物品定义的研究[J].中国市场，2010(49)：141-142.

共产品一般会产生外部性，而外部性可以分为外部经济性和外部不经济性。外部经济指在市场经济中，一个市场主体的行为致使他人受益，受益者却无须为此支付费用的现象；外部不经济指一个市场主体的行为致使他人受损，经济行为个体却没有为此承担成本的现象。①

3. 生态系统服务价值理论

生态系统服务的概念最早由 J. Holdren 和 P. Ehrlich 提出，他们认为生态系统服务就是由自然生态系统的生境、物种、生物学状态、性质和生态过程所产生的物质和维持的良好生活环境对人类提供的直接福利。②生态系统服务的概念联合国千年生态系统评估（MA）专家与 Costanza 等学者关于生态系统服务价值的研究为生态补偿机制的构建提供了良好的理论基础，他们认为生态系统服务价值指生态系统不但能够将直接产品提供给人们，还能提供调节、供给、支持、文化等功能价值，使人们在生态系统中得到收益，且这些间接收益往往大于其提供的直接产品收益。

4. 区域分工理论

区域分工是指各区域为了获得资源配置高收益而进行专业化生产，并通过国际贸易实现专业化利益的区域经济空间组织方式。区域分工理论是社会分工理论在经济地理空间上的表现形式，也是区域经济学中分析区域关系问题的基础性理论。该理论认为合理的区域分工可以提高资源的空间配置效率。③

综上所述，国外对生态补偿内涵的认识较为一致，但更倾向于将生态补偿看作市场激励机制的结果。在具体生态补偿研究开展上，其在研究方向、研究方法、研究视角等方面更偏重经济学或政治经济学，甚少涉及法学。国外关于生态补偿的相关研究为我们开展生态补偿后续研究提供了基础和借鉴，但如何结合我国实际进行合理的学习借鉴，尚需进一步探索。

---

① 付伟，王见，罗明灿.城市饮用水源区生态补偿理论研究[J].西南林业大学学报（社会科学），2017，1(03)：25-30.

② 高雅，林慧龙.草地生态系统服务价值估算前瞻[J].草业学报，2014(6)：95-98.

③ 孔德帅.区域生态补偿机制研究[D].北京：中国农业大学，2017.

第二节 国内外生态补偿制度实践

一、我国生态补偿制度实践

我国生态补偿的实践始于20世纪80年代，经过30多年的发展，生态补偿由最初消极被动地对生态破坏行为进行单纯的罚款，转向积极主动地对生态环境保护和建设行为进行激励与协调，补偿的领域涉及森林、耕地、自然保护区、流域、矿产资源开发等。① 然而，目前我国国家层面的生态补偿法律和制度体系还没有完全建立起来，现有的生态补偿集中体现在一些部门性的政策或地方性的实践中，多以国家生态建设工程、国家财政转移支付、区域间的财政转移支付、生态补偿税费等形式实现，唯一从国家层面上以生态补偿形式确立的仅有森林生态效益补偿基金制度。

我国的生态补偿起步时间较晚，其实践工作主要集中于以下领域。

（一）自然资源开发中的生态补偿

自然资源是经济社会发展的重要保障，但其开发利用过程中所导致的一系列生态环境问题，以及区域之间生态、环境和经济利益的失衡，成为可持续发展的重大障碍。为此，自然资源开发中的生态补偿是我国开展时间最早、经验较为丰富的实践领域，例如，我国目前已建立和完善有关矿山资源综合利用和环境治理的法规，逐步确立了土地利用规划、环境影响评价、环保“三同时”制度（“三同时”指同时设计、同时施工、同时使用）、勘探权和采矿权许可制度、限期治理等法律制度，出台了许多法律法规，并在《矿产资源法实施细则》《矿产资源保护试行条例》《矿山地质环境保护规定》中强调了矿产资源综合利用和矿山环境治理的内容，提出实行矿山地质环境影响评估制度和矿山环境治理恢复保证金制度。但是总体来看，这些内容均没有涉及生态补偿问题，既没有明确补偿主体的认定、补偿对象的确立、补偿标准的确定、补偿途径的实现、补偿费用的使用等

① 李文华，李芬，李世东，等.森林生态效益补偿的研究现状与展望[J].自然资源学报，2006，21(5)：677-688.

问题，也没有建立起有效的生态环境效益补偿费来源和使用的监督机制，市场化、多元化程度不高，恢复治理的效果还有很大提升空间。

（二）生态环境治理工程中的生态补偿

为修复受损的生态环境，实现可持续发展，自20世纪90年代后半期以来，针对特定区域特定的生态环境问题，国家先后开展了大范围、多层次的生态治理工程项目，成为我国生态建设和环境保护实践中的重要内容。这些生态治理工程项目的实施取得了一定的效果，项目区的总体生态环境有所改善，生态服务功能得到了一定程度的恢复，水土流失、土地沙化和退化等形势有所好转，地表林草的覆盖率有较大提高，在一定程度上遏制了我国生态环境不断恶化趋势的发展。

退耕还林（草）工程、风沙治理工程和水土流失（小流域）治理工程等是我国从20世纪90年代后期开始实施的规模较大、影响范围较广的生态环境治理工程。① 这些典型的生态环境治理工程所涉及的主要生态补偿措施、补偿领域和补偿方式集中体现在以下四个方面。

（1）对项目实施过程中生产经营和生活方式发生改变的，或是经济利益受到损害主体的直接经济补偿。这种补偿通常以其原有生产经营收入为补偿标准的参考，以现金或实物的形式在一定期限内给予补助，同时对转变过程中所需的生产或生活资料，及其所牵扯的产权问题进行适当的安排。

（2）对地方财政收入的补偿。在项目实施过程中，由于限制了一些地区与生态环境不相协调的经济活动，使得这些地区的财政收入相应减少，国家往往以财政转移支付的形式对此部分给予补偿。

（3）以科技投入形式进行的补偿，指在工程实施阶段，国家以科技投入的形式所给予的补偿，用以扶持和鼓励项目区域内亟需的科学技术创新和推广。

（4）对生态移民的补偿，指对因工程需要必须迁出原居住地的居民（生态移民）给予的现金或实物形式的补偿。

---

① 王昱，丁四保，王荣成．我国典型生态环境治理工程中的生态补偿问题［J］．环境保护，2008(18)：28-31.

从人地关系上看，生态环境治理工程本身就是一种“增益”型的生态补偿，是将物质资本转化为生态资本的过程。但这一过程存在着事实上的“生态获益”和“经济受损”，而这两者之间的补偿才是问题的核心所在。

在实践中，中央政府主要承担了“经济获益”的角色，并为生态工程提供资金政策，包括行政强制力上的保障，因此就会出现补偿标准过低、补偿方式单一等问题。以京津风沙源治理工程为例，该工程计划安置生态移民 18 万人，而国家对每户生态移民只给予 5 000 元的补贴，这不仅远远不能满足移民户异地安置和转变生产经营方式的需要，而且还导致生态移民被异地安置后出现收入水平降低和生活困难等情况。① 这类生态补偿的一个突出问题是缺少受益地区的参与，毕竟上级政府作为单一补偿主体，其能力和目标都是有限的。

（三）流域生态补偿

流域生态补偿是我国生态补偿实践中的一项重要内容。

根据《中华人民共和国宪法》和《中华人民共和国水法》，水资源属国家所有，国家对水资源享有占有、使用、收益和处分的权利；流域内的居民对水资源享有使用权，包括占有、使用、取得经济收益和处分的权利。流域内任何一个居民享有水资源的权利是平等的，即同一流域内上下游地区的居民具有同等的水资源使用权。

法律上的平等权利是一般性的、抽象意义上的平等权。由于受自然要素运动规律的影响，流域内不同区段的居民在行使其水资源使用权来获得经济收益的同时，会影响到流域内其他区段的居民行使同样的权利。这就是经济学中所说的“外部性”问题，是矛盾产生的根本原因。

为协调流域内上下游地区之间环境、生态和经济利益失衡的矛盾，我们在国家和地方层面上开展了一系列流域生态补偿的实践。国家层面的有西部江河源区生态建设工程；地方层面的包括浙江省东阳和义乌之间的水资源交易，福建省闽江、晋江、九龙江等流域生态补偿机制的实践，以及江西、广东境内东江流域补偿等的尝试，辽宁省对“大伙房水库输水工

① 王昱，丁四保，卢艳丽.中国区域生态补偿中的补偿标准问题研究[J].中国发展，2001(6)：1-5.

程”源头区域的补偿，新安江流域生态补偿等。这些实践案例为我国不断完善流域内的生态补偿机制提供了宝贵的经验。其中，新安江流域生态补偿横向转移支付案例在我国流域生态补偿实践中具有非凡的意义。下文拟以新安江流域为例，分析我国流域生态补偿横向转移支付的实践样态。

新安江位于长江水系的上游段，起源于安徽省黄山市休宁县，东入浙江省的西部，横跨安徽和浙江两省，在浙江省淳安县汇集成为千岛湖，是我国长三角区域的战略备用水源。千岛湖作为浙江省的重要水源地，其水资源大部分来自安徽省境内，这就要求对上游的来水质量进行“严防死守”。而近年来，由于城镇化进程的不断加快，水资源管理欠缺，水环境污染破坏严重，《关于千岛湖水资源保护情况的调研报告》显示，千岛湖蓝藻异常增殖等问题，种植业面源污染、工业点源污染以及城市垃圾污水处理等问题极大影响了流域的水质量。千岛湖是下游各区域重要的水源地，上游水质的恶化造成千岛湖环境污染日益严重，而上游的黄山市相对于浙江省来说经济发展水平较低，主要着重发展本地区的经济，忽视了新安江流域的生态问题，加上一江跨两省，就导致两省难以达成统一管理的窘境。因此，对千岛湖水资源的保护需要上下游地区之间协商合作、共同治理，上游地区应转变产业结构，负担起对流域的生态保护责任，下游地区可通过资金补助等方式积极配合，共同促进新安江流域的生态保护治理。

为促进新安江流域的水资源治理，解决流域上下游之间经济发展与生态保护之间的矛盾，从 2012 年开始，浙江省和安徽省积极配合进行生态补偿试点工作，截至目前已经进行三轮试点，取得了较大成效。根据生态文明、可持续发展等理念，新安江流域上下游之间形成了一条互利共赢的长效发展之路，由此我们也探索出我国流域生态治理的新模式。以下是三轮试点工作的主要解读，如表 1-1 所示。

表 1-1　新安江流域横向生态补偿表

试点主要承担者	黄山市人民政府
补偿原则	明确责任、各负其责 地方为主、中央监督 监测为主、以补促治

（续表）

试点主要承担者	黄山市人民政府
补偿主体	中央政府、浙江省政府、安徽省政府
补偿模式	中央财政向安徽省政府划拨支付资金，安徽省与浙江省互相以横向方式划拨支付资金，共同设立新安江流域水环境补偿基金
补偿标准	以两省交界处水质监测数据为考核标准，安徽省流域内提供水质好于基本标准
补偿资金来源	中央财政拨付安徽省政府 3 亿元用于新安江治理，安徽省配套资金 1 亿元用于省内新安江地区生态补偿
考核部门	水质监测结果由中国环境监测总站核定，并向生态环境部、财政部报备
考核标准	以跨界水体新安江的街口为断面，每月监测一次，监测数据由安徽省黄山市环保局环境监测站和浙江省淳安县环保局环境监测站联合监测得出

第一轮试点为期三年（2012—2014 年）。在试点期限内，根据补偿标准，补偿金额每年总共 5 亿元，其中中央财政出资 3 亿元，无论何种情况，中央都将 3 亿元划拨给安徽省用于流域治理。此外，安徽省和浙江省各自出资 1 亿元，如果年度水质达标，浙江省划拨 1 亿元给安徽省；反之，如果年度考核不达标，则安徽省划拨给浙江省 1 亿元。在首轮试点中，两省之间签订的“亿元对赌协议”对新安江流域治理起到了极大的激励作用，开启了跨省流域治理的“新安江模式”。第一轮试点结束后，新安江流域治理取得了阶段性的成果，总体流域的水质明显改善。但由于第一轮试点时间短、资金投入少，治理依然面临较多困难，如安徽省自身财力不足、协商困难等问题都对流域治理提出较大的考验。

第二轮试点为期三年（2015—2017 年）。第二轮生态补偿协议签订过程存在困难，双方意见难以达成一致。安徽省方面希望提高补偿标准，并且延长试点期限，而浙江省方面希望提高水质标准，增加供水量。加上流域生态补偿横向转移支付的顺利实施需要双方建立完善的协商平台以及联席会议制度、加大财政投入力度、拓展补偿模式等，这都使双方协商结果难以达成一致。2015 年，国务院出台《生态文明体制改革总体方案》，提出要完善我国的生态补偿制度，鼓励各地区开展生态补偿的试点工作，在重点生态功能区实行转移支付，建立联防联控机制，加大目标激励机制，以促进流域上下游之间的沟通协商。2016年，国务院印发《关于健全生态保护补偿机制的意见》，指出要大力提倡流域横向转移支付的实施，促进以地方政府补偿为重点的资金补偿模式。在国家政策大力推动下，中央政府在第二轮试点中起到了利益协调的作用，建立了中立的评估机构和稳定的财政保障制度，这在一定程度上推动了第二次生态补偿协议的签订。首先，加大补偿资金，浙江省和安徽省每年的出资由1亿元增加为2亿元，中央补偿资金保持不变；其次，扩大合作范围，双方在基础设施建设、文化旅游产业等方面签署了合作交流协议，实现共建互享、互利共赢的新局面；最后，建立联席会议制度，联席会议由两省政府部门财政部、生态环境部等共同参与，每年举行一次，对流域治理问题进行深入探讨，研究并解决流域治理过程中遇到的问题，以进一步落实联防联控，实现共同保护流域水质目标，促进双方发展。

第三轮试点为期三年(2018—2020年)。经过两轮试点，新安江流域水质得到改善，同时两省也取得了较大的生态效益、经济效益和社会效益。双方政府进行了多次磋商后签订了第三次生态补偿协议，两省继续每年出资2亿元，并积极争取中央财政的支持。与前两轮相比，第三次补偿协议提高了水质考核标准和水质稳定系数。双方在资金补偿的基础上，不断探索市场化、法治化、国际化、多元化的补偿方式。一方面，积极探索多元补偿方式，建立联防联控的合作平台，利用杭黄铁路的交通枢纽作用，促使两地的交流，开展生态旅游等绿色产业方面合作，共同推进全流域生态保护与经济社会协调可持续发展。另一方面，建立流域生态补偿专项基金，大力提倡除财政资金外其他方式的资金投入，吸纳社会资本融入生态建设中去。同时扩大资金使用范围，使补偿资金不仅可以用于水污染治理和生态环境建设，也可以用于产业结构、产业布局调整等方面。

总体上看，我国流域生态补偿的实践主要是在已经出台的法律法规的指导下完成的，主要有《中华人民共和国宪法》(以下简称《宪法》)《中华人民共和国环境保护法》(以下简称《环境保护法》)《中华人民共和国水土保持法》(以下简称《水土保持法》)《中华人民共和国森林法》(以下简称

《森林法》)等。在这些法律法规的框架下,主要存在两类补偿方式,一是政府主导的交易,二是市场主导的交易。其中,政府主导的交易又可分为两类,第一类强调行政行为,而忽视利益引导;第二类则强调利益的引导。应当指出的是,我国目前缺少具体的和具有可操作性的流域生态补偿法律法规,相关利益主体的参与缺位使得受益方对受损方的补偿支付机制还没有完全建立。

(四)生态补偿制度的政策演进

1983 年 12 月 31 日,国务院召开第二次全国环境保护会议,正式将保护环境确定为我国的基本国策。

生态补偿机制作为一种新的政府实施生态环境管理的政策手段,在我国被首次应用。1992 年,国务院第一次将建立森林生态效益补偿制度列为我国经济体制改革的重要内容,我国建立和完善生态补偿机制政策开始进入探索阶段。进入 21 世纪,建立生态补偿机制被正式列入我国党和政府的重要文件之中。整体上来看,从 1992 年至今,经过近三十年的探索,我国已经实施了一系列有关建立和完善我国生态补偿机制的政策。其中具有全局性和长远意义的政策文件包括 1992 年国务院批准原国家体改委的《一九九二年经济体制改革要点》,该文件首次提出要"建立林价制度和森林生态效益补偿制度,实行森林资源有偿使用"。1996 年 1 月,《中共中央、国务院关于"九五"时期和今年农村工作的主要任务和政策措施》指出,要"按照分类经营原则,逐步建立森林生态效益补偿费制度和生态公益林建设投入机制,加快森林植被的恢复和发展"。1997 年 2 月,《中共中央、国务院关于一九九七年农业和农村工作的意见》要求"尽快建立森林生态效益补偿基金"。1998 年 11 月,国务院发布的《全国生态环境建设规划》明确指出,"按照谁受益、谁补偿,谁破坏、谁恢复的原则,建立生态效益补偿制度。"2000 年国务院办公厅《关于森林生态效益补偿基金问题的意见》进一步强调,"建立森林生态效益补偿基金,对于改善我国生态环境,实现可持续发展战略具有重要作用。"2001 年财政部同意"设立森林生态效益补偿基金,主要用于提供生态效益的防护林和特种用途林(统称生态公益林)的保护和管理",标志着我国森林生态效益补偿制度进入了正式实施阶段。2003 年 6 月,《中共中央、国务院关于加快林业发展的决定》明确提出，凡纳入公益林管理的森林资源，政府将以多种方式对投资者给予合理补偿，公益林建设投资和森林生态效益补偿基金，按照事权划分，分别由中央政府和各级地方政府承担，森林生态效益补偿基金分别纳入中央和地方财政预算，并逐步增加资金规模。上述规定进一步明确了生态公益林生态补偿制度。

2004 年 3 月，《国务院关于进一步推进西部大开发的若干意见》提出“建立生态建设和环境保护补偿机制，鼓励各类投资主体投入生态建设和环境保护”，将建立西部生态补偿机制提升到新的高度。2005 年 10 月，党的十六届五中全会通过的《中共中央关于制定国民经济和社会发展第十一个五年规划的建议》正式将建立生态补偿机制作为国家任务列入“十一五”规划之中，明确提出了要“按照谁开发谁保护、谁受益谁补偿的原则，加快建立生态补偿机制”，推进资源节约型、环境友好型社会建设。2005 年 12 月，《国务院关于落实科学发展观　加强环境保护的决定》提出完善生态补偿政策，尽快建立生态补偿机制，国家和地方可分别开展生态补偿试点。

2006 年 1 月，《中共中央、国务院关于推进社会主义新农村建设的若干意见》提出：“按照建设环境友好型社会的要求，继续推进生态建设，切实搞好退耕还林、天然林保护等重点生态工程，稳定完善政策，培育后续产业，巩固生态建设成果。继续推进退牧还草、山区综合开发。建立和完善生态补偿机制。”2006 年 3 月，第十届全国人大四次会议通过的《中华人民共和国国民经济和社会发展第十一个五年规划纲要》进一步明确提出，“按照谁开发谁保护、谁受益谁补偿的原则，建立生态补偿机制。”2006 年 10 月，党的十六届六中全会通过的《中共中央关于构建社会主义和谐社会若干重大问题的决定》中进一步强调，要“完善有利于环境保护的产业政策、财税政策、价格政策，建立生态环境评价体系和补偿机制”，促进人与自然相和谐。

2007 年 3 月，第十届全国人大五次会议《政府工作报告》指出“健全矿产资源有偿使用制度，加快建立生态环境补偿机制”，第一次正式提出建立以矿产资源为对象的生态环境补偿机制。2007 年 10 月，党的十七大报告指出，“实行有利于科学发展的财税制度，建立健全资源有偿使用制度和生态环境补偿机制。”2008 年 3 月，十一届全国人大一次会议《政府工作报告》指出：“改革资源税费制度，完善资源有偿使用制度和生态环境补偿机制。”2011 年 3 月，《中华人民共和国国民经济和社会发展第十二个五年规划纲要》提出：“加快建立生态补偿机制。加大对重点生态功能区的均衡性转移支付力度，研究设立国家生态补偿专项资金。”2011 年 12 月，国务院发布《国家环境保护“十二五”规划》提出：“探索建立国家生态补偿专项资金。研究制定实施生态补偿条例。建立流域、重点生态功能区等生态补偿机制。推行资源型企业可持续发展准备金制度。”

2012 年 11 月，党的十八大报告明确提出把“生态文明建设”作为“五位一体”总布局的基础，明确要求“建立反映市场供求和资源稀缺程度、体现生态价值和代际补偿的资源有偿使用制度和生态补偿制度”。2013 年 11 月，《中共中央关于全面深化改革若干重大问题的决定》中提到要实行资源有偿使用制度和生态补偿制度，推动地区间建立横向生态补偿制度。2015 年 4 月，《中共中央　国务院关于加快推进生态文明建设的意见》明确提出“健全生态保护补偿机制”。2016 年 5 月，国务院印发《关于健全生态保护补偿机制的意见》提出到 2020 年，实现禁止开发区域、重点生态功能区等重要区域生态保护补偿全覆盖，多元化补偿机制初步建立，基本建立符合我国国情的生态保护补偿制度体系。

2017 年 10 月，党的十九大报告强调要走文明发展道路，提出完善天然林保护制度，扩大退耕还林还草，建立市场化、多元化生态补偿机制。

2019 年，国家发展改革委、财政部、自然资源部、生态环境部、水利部、农业农村部、人民银行、国家市场监督管理总局、林草局等九部门联合印发的《建立市场化、多元化生态保护补偿机制行动计划》指出：“到 2020 年，市场化、多元化生态保护补偿机制初步建立，全社会参与生态保护的积极性有效提升，受益者付费、保护者得到合理补偿的政策环境初步形成。到 2022 年，市场化、多元化、生态保护补偿水平明显提升，生态保护补偿市场体系进一步完善，生态保护者和受益者互动关系更加协调，成为生态优先、绿色发展的有力支撑。”

此外，部分省市政府也相继出台了生态补偿的相关政策，开展了具体实践。例如，广东省政府于 1998 年 10 月 26 日颁布了《广东省生态公益林建设管理和效益补偿办法》，明确了由政府“对生态公益林经营者的经济损失给予补偿。省财政对省核定的生态公益林按每年每公顷[①] 375 元给予补偿，不足部分由市、县政府给予补偿”，明确了补偿主体、补偿对象、补偿标准以及生态公益林的建设、保护和管理的资金来源，是林业管理体制的一大创新，对我国森林生态补偿具有重要的借鉴价值。

浙江省是全国第一个全面推进生态补偿实践的省份，在 2005 年 8 月就发布了《浙江省人民政府关于进一步完善生态补偿机制的若干意见》，提出了在省域范围内实施生态补偿的框架和思路。辽宁省于 2008 年制定了《辽宁省跨行政区域河流出市断面水质目标考核暂行办法》，探索了对流域上下游间水环境污染的赔偿标准。

2010 年 6 月，山东省财政厅、海洋与渔业厅联合印发了《山东省海洋生态损害赔偿费和损失补偿费管理暂行办法》，首次明确了对海洋生态损害赔偿和损失补偿的界定及其主体和适用范围，明确了赔偿费和补偿费的征收、使用、管理和用途以及赔偿费、补偿费征缴和使用的监督检查等内容。

2011 年以来，陕西沿渭河各县市区实施了大规模的渭河综合治理，同时出台《渭河流域水污染防治及巩固提高三年行动方案(2015—2017年)》，建成生态湿地及水面景观等 15 万亩[②]。2012 年，由党中央领导、国家财政部委与环保部委指导的全国首个跨省流域生态补偿机制试点于新安江流域设立并开展，该流域流经安徽、浙江两省，涉及上游的黄山市、宣城市绩溪县和下游的杭州市淳安县。截至 2018 年，两轮试点已完成，同步实现了生态、经济与社会效益的显著提升。

2017 年，《天津市人民政府办公厅关于健全生态保护补偿机制的实施意见》强调，要构建多元化体系，实现重要区域生态保护补偿全覆盖。相关部门一方面要做好跨地区、跨流域横向生态保护补偿工作；另一方面要落实集中式饮用水水源地生态保护补偿工作，同时还要继续研究海洋生态补偿制度，将森林分类分步纳入补偿范围。

---

① 1 公顷＝10 000 平方米。

② 1 亩＝666.666 666 667 平方米。

新疆维吾尔自治区人民政府办公厅2017年出台的《关于健全生态保护补偿机制的实施意见》提出，预计到2020年，新疆重点领域的生态保护补偿试点工作将取得阶段性成效。相关部门要以森林、荒漠、水流、耕地等七大领域为重点，积极展开实践，有序建立起一套综合性、系统性的补偿机制，从强化考核、加大宣传等方面快速突破。

2018年湖南召开的省政协重点提案《加快构建我省"四水"流域生态补偿机制的建议》办理协商座谈会提出，通过建立市场化补偿机制以完善湘、资、沅、澧四水的生态补偿系统。然而纵观全国范围内的生态补偿实践，大多集中于对流域、森林、耕地以及重点功能保护区等的生态补偿，不同区域之间尤其是行政区之间的生态补偿研究较少，且生态补偿机制的框架仍未完善，生态补偿体系也缺乏完整基础路线，区域之间的生态补偿仅展开了部分试点工作。因此，研究市、乡镇级的区域生态补偿机制并通过生态补偿手段协调区域间生态资源转移，可为区域生态安全保护及可持续发展提供有力支持，并且具有一定的现实意义。

福建省人民政府办公厅于2018年发布了《福建省综合性生态保护补偿试行方案》，选择23个县市先行开展生态补偿试点，规定从2018年起，以县为单位开展综合性生态保护补偿，以生态指标考核为导向，统筹整合不同类型、不同领域的生态保护资金，探索建立综合性生态保护补偿办法，激发地方政府加强生态环境保护的积极性；通过综合性生态保护补偿等政策的实施，促进重点生态功能区、重点流域上游地区和欠发达地区生态环境质量持续改善和提升，到2020年主要流域水质达到或优于Ⅲ类比例在94%以上，集中式饮用水水源水质达到或优于Ⅲ类比例达95%以上，重要江河湖泊水功能区水质达标率提高到86%以上，县城区空气质量优良天数比例达到97.9%以上，森林覆盖率保持2016年水平以上；加快绿色发展和提高基本公务服务水平，为"再上新台阶、建设新福建"提供绿色新动能，推动形成人与自然和谐发展的现代化建设新格局，推进生态文明建设迈上新台阶。

（五）生态补偿法律法规体系

21世纪以来，我国生态补偿机制问题得到党和国家的高度重视，但生态补偿机制问题的复杂性，致使生态补偿专门立法工作一直处于研究和理论探索阶段。尽管如此，生态补偿作为生态建设和保护的一种重要资金筹措、使用和管理机制，已经存在于我国诸多的法律法规之中，如在宪法、环境保护基本法、自然资源保护专门法、自然生态保护专门法以及行政法规中都有生态补偿性质的规范。由于生态补偿法律法规体系涉及的领域十分广泛，专门的环境与资源保护立法尽管数量庞大，仍不能囊括应该由其调整的全部社会关系。为此，其他的部门法如民法、刑法、经济法、行政法等法律中也包含了不少的生态补偿相关法律规范。更为重要的是，在环境保护基本法所归属的环境与资源保护法部门中，其他的自然资源保护法律，如农业法、水土保持法等单行法律有更多的法律规范与生态保护补偿密切相关，这些规范也是自然生态保护与补偿体系的组成部分。

1. 宪法关于生态保护与补偿的规定

《宪法》作为根本大法，是我国其他法律的立法依据，其对生态保护的规定是生态补偿法律制度的基础，《宪法》第九条规定："国家保障自然资源的合理利用，保护珍贵的动物和植物。禁止任何组织或者个人用任何手段侵占或者破坏自然资源。"《宪法》第十条规定："国家为了公共利益的需要，可以依照法律规定对土地实行征收或者征用并给予补偿。"宪法在强化自然生态保护的同时也提出了对私人利益进行补偿的原则，为我国生态补偿法律法规发展提供了基本遵循。

2. 环境保护法关于生态保护与补偿的规定

《中华人民共和国环境保护法》(以下简称《环境保护法》)是我国生态环境保护的基本法律，该法就环境保护对象、范围、保护目的、保护原则、基本制度以及法律责任进行了总体规范。2014 年，新修订的《环境保护法》增加了生态补偿的内容，第三十一条规定："国家建立、健全生态保护制度。国家加大对生态保护地区的财政转移支付力度。有关地方政府应当落实生态保护补偿资金，确保其用于生态保护补偿。"《环境保护法》将生态补偿制度确定为我国环境保护的一项基本制度，对我国生态补偿的基本类型、责任主体、补偿手段等做了明确规定，对我国生态补偿法律和制度体系建设起着指导和基础作用。

3. 自然资源保护法的规定

自然资源保护法是调整人们在自然资源的管理、保护和利用过程中所发生的各种社会关系的法律规范的总称。它一般是由土地管理法、农业法、矿产资源法、森林法、草原法、野生动植物保护法、水法、渔业法和海洋法等法律法规组成。有关生态建设和保护制度，除环境保护法的规定外，其他的自然资源管理单行法都有所涉及。由于自然资源类型和利用目标不一样，不同资源部门的立法角度不尽相同。自然资源保护法的构成是一个庞大的系统，与生态保护有关的法条非常丰富，这里只选择部分专门法律的一些重要的法条进行归纳，通过对这些法条的梳理，发现其间的相互协调程度，对于建立和完善中国生态补偿机制的研究是非常有益的。

《中华人民共和国土地管理法》（以下简称《土地管理法》）（2019）是我国自然资源保护法体系中立法时间比较早的法律之一，该法中有一些有关土地补偿方面的规范并提出国家为了公共利益的需要，可以依法对土地实行征收或者征用并给予补偿，但是其生态补偿的含义并不明显。第三十条规定："国家实行占用耕地补偿制度。非农业建设经批准占用耕地的，按照'占多少，垦多少'的原则，由占用耕地的单位负责开垦与所占用耕地的数量和质量相当的耕地。"其补偿制度主要为了维持耕地数量的平衡，生态补偿的含义不明显。第三十一条规定："县级以上地方人民政府可以要求占用耕地的单位将所占用耕地耕作层的土壤用于新开垦耕地、劣质地或者其他耕地的土壤改良。"该条规定在一定程度上体现了耕地生态修复的含义，并且规定了耕地生态修复责任主体。

《中华人民共和国农业法》（以下简称《农业法》）（2012）专门设置农业资源与农业环境保护章，对种植业、林业、畜牧业和渔业等农业资源利用和生态保护法律责任以及有关补助进行了系统性的规范。第六十二条规定，"对在国务院批准规划范围内实施退耕的农民，应当按照国家规定予以补助。"

《中华人民共和国森林法》（以下简称《森林法》）（1998）在我国第一次以法律条文的形式明确建立生态补偿制度。第八条规定，"国家设立森林生态效益补偿基金，用于向生态效益的防护林和特种用途林提供森林资源、林木的营造、抚育、保护和管理。森林生态效益补偿基金必须专款专用，不得挪作他用。"

《中华人民共和国水法》(以下简称《水法》)(2016)把节约用水放在突出位置,核心是提高用水效率,按照总量控制与定额管理相结合的原则,以实施取水许可制度和水资源有偿使用制度为重点加强用水管理。第七条规定,"国家对水资源依法实行取水许可制度和有偿使用制度。"但是该规定没有突出水资源使用费在流域生态环境保护和建设方向的作用。

《中华人民共和国矿产资源法》(2009)第五条规定,"国家实行探矿权、采矿权有偿取得的制度,开采矿产资源,必须按照国家有关规定缴纳资源税和资源补偿费。"矿产资源补偿费纳入国家预算,实行专项管理,主要用于矿产资源勘察。从收费项目的名称上看,矿产资源补偿费应当是建立我国矿产资源生态资金的重要来源。然而,矿产资源补偿费相当于国外的"权利金",体现所有者权益,是有偿使用矿产资源的真正法律含义,但不是生态补偿的含义。

《中华人民共和国草原法》(2013)第三十九条明确规定,"因建设征用或者使用草原的,应当交纳草原植被恢复费。草原植被恢复费专款专用,由草原行政主管部门按照规定用于恢复草原植被。"草原植被恢复费是草原生态补偿机制的重要内容,但是迄今为止草原植被恢复费征收、使用和管理法规仍然没有出台。

《中华人民共和国野生动物保护法》(2018)第十九条规定,"因保护本法规定保护的野生动物,造成人员伤亡、农作物或者其他财产损失的,由当地人民政府给予补偿。具体办法由省、自治区、直辖市人民政府制定。"该补偿规定主要对因保护野生动物所造成农业经济损失的补偿,是为了更好地保护生态平衡,因此,该补偿规定具有生态补偿的含义。

《中华人民共和国渔业法》(2013)第二十八条规定,"县级以上人民政府渔业行政主管部门应当对其管理的渔业水域统一规划,采取相关措施,增殖渔业资源。县级以上人民政府渔业行政主管部门可以向受益的单位和个人征收渔业资源增殖保护费,专门用于增殖和保护渔业资源。渔业资源增殖保护费的征收办法由国务院渔业行政主管部门会同财政部门制定,报国务院批准后施行。"

《中华人民共和国海域使用管理法》(2001)第三十条规定,"因公共利益或者使用国家安全的需要,原批准用海的人民政府可以依法收回海域使用权。依照前款规定在海域使用权期满前提前收回海域使用权的，对海域使用权人应当给予相应的补偿。”

4. 自然生态环境保护法律的规定

自然生态环境保护法是环境资源法体系的重要内容，目的在于强调对整个生态环境的全局保护，保持生态（包括物种）的多样性，维持生态系统的平衡、促进人与自然的协调发展。自然生态环境保护法一般由水土保持法、防沙治沙法、自然保护区法、湿地保护法等法律、法规构成。自然资源为自然生态系统的组成要素，是自然生态系统存在和演变的物质前提，自然资源的合理开发、利用和保护，其最终目的就是维持自然生态系统的稳定和健康。

《中华人民共和国水土保持法》（2010）第三十一条规定，“国家加强江河源头区、饮用水水源保护区和水源涵养区水土流失的预防和治理工作，多渠道筹集资金，将水土保持生态效益补偿纳入国家建立的生态效益补偿制度。”

《中华人民共和国防沙治沙法》第三十一条规定，“沙化土地所在地区的地方各级人民政府，可以组织当地农村集体经济组织及其成员在自愿的前提下，对已经沙化的土地进行集中治理。农村集体经济组织及其成员投入的资金和劳力，可以折算为治理项目的股份、资本金，也可以采取其他形式给予补偿。”第三十五条规定，“因保护生态的特殊要求，将治理后的土地批准划为自然保护区或者沙化土地封禁保护区的，批准机关应当给予治理者合理的经济补偿。”

5. 行政法规或规章中的规定

据统计，目前与生态补偿有关的行政法规和规章多达 200 项，其中以国务院及其主管部门制定的居多，主要涉及森林、流域、草原、自然保护区、重点生态功能区、农业、矿区生态环境恢复等领域。[①] 例如，矿产领域 1994 年出台的《矿产资源补偿费征收管理规定》（国务院令第 150 号）及《国土资源部关于进一步规范矿产资源补偿费征收管理的通知》（国土资

① 刘桂环，王夏晖，何军，等.中国生态补偿政策发展报告（2008）[M].北京：中国环境出版社，2019：9.

发〔2013〕77号）等，森林领域的《退耕还林工程现金补助资金管理办法》（财农〔2002〕156号）《关于扩大新一轮退耕还林还草规模的通知》（财农〔2015〕258号）等，草原领域的《关于同意收取草原植被恢复费有关问题的通知》（财综〔2010〕29号）《农业部关于加强草原植被恢复费征收使用管理工作的通知》（农财发〔2010〕132号）等。

综上可知，我国已经初步建立起了由国家立法和地方立法共同构成的环境法律体系。虽然各地根据国家有关法规，制定并颁布了一些相应的实施办法、细则及地方性法规，但由于现有生态环境立法比较零散、不全面、适用性不强，缺乏系统而明确的基本原则、法律制度、法律措施规定，甚至各自的规定发生冲突矛盾。现有立法明显落后于生态保护和建设的发展，对新的生态问题和生态保护方式缺乏有效的法律支持，而且一些重要法规对生态保护和补偿的规范不到位。此外，建立全面的生态补偿机制在生态产权和生态价值的确定方面也面临着管理体制、法律制度等多方面的困难。目前我国还没有形成统一、规范的法律体系，无法满足新形势下生态建设、环境保护的实际需要。

此外，生态补偿有关规定中对各利益相关者的权利、义务、责任界定及对补偿内容、方式和标准规定不明确，环境资源产权制度缺失。① 而补偿是多个利益主体（利益相关者）之间的一种权利、义务、责任的重新平衡过程，实施补偿要明确各利益主体之间的身份和角色，以及其相应的权利、义务和责任内容。目前，涉及生态保护和生态建设的法律法规都没有对利益主体做出明确的界定和规定，对其在生态环境方面具体拥有的权利和必须承担的责任仅限于原则性的规定，强制性补偿要求少而自愿补偿要求多，导致各利益相关者无法根据法律界定自己在生态环境保护方面的责、权、利关系，致使生态环境保护陷入“公地悲剧”的陷阱之中。②

二、国外生态补偿制度实践

从世界范围来看，生态补偿的理论研究远远滞后于实践的发展。早

① 万军，张惠远，王舍南，等.中国生态补偿政策评估与框架初探[J].环境科学研究，2005(2)：1-8.

② 陈世伟，雷晨光，缪建萍.鄱阳湖生态经济区生态补偿制度的立法完善[J].江西社会科学，2010(10)：235-238.

在20世纪20年代国外就出现了生态补偿案例，目前国外生态补偿实践相关研究已涵盖森林、农业、水资源、流域、矿业等多个领域。

（一）森林生态补偿

森林生态补偿一直是国际社会关注的焦点，其实践既强调政府的积极参与，又强调市场机制的重要作用，它不但保护了森林资源，也使得流域与栖息地得到保护，社会效益得以提升。爱尔兰在20世纪初开始实施“森林奖励政策”，为植树造林者提供补助，爱尔兰的造林水平在此政策刺激下也得以不断提高。实践表明，为了获得较好的激励效果，有必要提高造林的预付补助金来平衡农业补贴政策。1995—1999年，哥斯达黎加通过了10多个旨在增加碳储存的项目，如建立国家林业发展基金、规定森林资源开发者需付费以取得其所需资源的利用权力等，这些举措旨在增强对森林资源、水源、景观的保护。① 2003年，墨西哥政府成立的用于补偿森林生态服务的基金补偿标准是：重要生态区每年每公顷40美元，其他地区每年每公顷30美元。②《联合国防治荒漠化公约》《生物多样性公约》《京都议定书》等全球环境公约都明确了森林生态补偿的意义和措施。2007年的联合国气候变化大会提出要通过经济激励与市场机制保护森林生态系统。森林趋势组织和Katoomba工作组认为，森林的碳汇服务、水文服务、生物多样性服务以及森林景观服务存在较大的市场化潜力，并对开发与建立森林生态服务市场所需的法律与制度环境以及开发这一市场面临的关键问题与步骤等进行了深入研究。

（二）农业生态补偿

在农业生态补偿方面，欧美众多国家都以立法的形式明确了退耕、休耕可以获得相应的补偿，从而使该国的农业生态环境得到保护。美国在20世纪初推出了保护性退耕计划，对农户为开展生态保护而放弃耕作所承担的机会成本，按照市场机制和遵循农户自愿的原则进行补偿。20世纪80年代，保护性储备计划（conservation reserve program，CRP）在美国施行，其同样由政府资助、农户自愿参加、长期实施。该计划取得了惊人

---

① 丁敏.哥斯达黎加的森林生态补偿制度[J].世界环境，2007(6)：66-69.

② 王志凌，谢宝剑，谢万贞.构建我国区域间生态补偿机制探讨[J].学术论坛，2007(3)：119-125.

的效果：截至 2002 年，1 360 万公顷农业用地得到转换，其中，60%转为草地，16%转为林地，5%转为湿地。瑞士推行了“生态补偿区域计划”，目的在于将保护生态环境与提高农业生产力相结合，以保持农业生产的可持续能力。[①] 德国建立了一套比较完善的法律和政策体系，通过政府与农户达成协议，实施具有一定延续性的项目，实现补偿与实质性的环保措施挂钩，如对在农业生产中采取有利于环境保护的行为给予补贴。欧盟委员会于 1992 年 6 月通过的新农业政策把环境保护作为共同农业政策的内容之一，明确了降低环境污染是农业支持的重要考量，各国须以财政转移支付的方式补偿那些改善生态环境的行为主体。

保护性储备计划政策引起了学界的高度关注，美国学者对此进行了大量的研究，如 Hamdar[②] 等关注农民退耕土地的成本，并通过退耕成本与机会成本的比较测算理想的补助水平；Cooper[③] 等建立数学模型探索农民参与保护性储备计划意愿的影响因素；Junjie Bruce 聚焦于生态保护资金的使用效率，从而针对生态补偿金的区域分配问题进行研究，结果表明生态功能的累计效果及各功能之间的相互作用与联系都直接影响到生态补偿资金的分配；通过分析不同补偿标准下的退耕意愿，Plantinga 等借助供给曲线预测退耕土地规模和补偿水平。

（三）流域生态补偿

国际上流域生态服务付费的生态服务类型主要是水源涵养和水土调节。德国在流域生态补偿实践方面的工作开展得较早，如易北河生态补偿实践就是一起成功案例。1990 年起，德国和捷克在协议框架下共同整治易北河水质下降问题，一方面，7 个国家公园和 200 个自然保护区在德国易北河流域建立；另一方面，德国资助捷克建设了城市污水处理厂。[④] 在双方长期努力下，易北河上游的水质得到了明显的改善，被作为饮用水

---

① 任世丹，杜群.国外生态补偿制度的实践[J].环境经济，2009(22)：34-39.

② HAMDAR B. An efficiency approach to managing Mississippi's marginal land based on the conservation reserve program (CRP)[J]. Resources, Conservation and Recycling, 1999, (26).

③ COOPER J C, OSBORN C T. The effect of rent al rat es on the Ex tension of Conservation Reserve Program Contracts. Amer. J. Agr. Econ, 1998, (80).

④ 何沙，邓璨.国外生态补偿机制对我国的启发[J].西南石油大学学报，2010(4)：66-69.

源使用。美国、法国则更多地应用市场交易解决流域生态补偿问题，如纽约通过加税和发行公债等渠道获得补偿资金，通过补贴方式引导上游地区农场优化生态环保的生产方式，由此与上游特拉华州达成清洁供水交易；法国一些瓶装水公司通过补偿上游农户，使其减少农业生产、增加植树的方式对上游生态服务进行购买，如公司与农户协商减少水土流失和杀虫剂的使用，约定在合约期限内为农户提供技术支持并承担新农业设备费用。① 南非的做法是将扶贫与流域生态补偿相结合，有偿招募贫困人员参与流域生态环境的保护工作。尽管每年此笔开销近 1.7 亿美元，但此举有效改善了水质、优化了水资源供给，同时也给当地居民带来了直接经济收益。哥斯达黎加由政府和私人共同参与的流域生态补偿的模式也值得推广：为使河流年径流量均匀增加，减少水库的泥沙沉积，水电公司以一定的标准向国家林业基金提交资金，政府配套相应的金额，以现金补偿的方式鼓励上游土地所有者在自身土地上造林（如私营水电公司 Energia 按每公顷土地 18 美元向国家林业基金提交资金，政府基金再配套每公顷 30 美元）。除了以上方式，自发的众筹生态补偿方式也得以出现。

20 世纪末，哥斯达黎加采用税费附加方式，每年向首都圣何塞 2 万多户用水者筹集资金，用于支付给上游同意保留森林资源的农民。哥伦比亚第二大城市卡利市的考卡流域遭受旱涝威胁，当地农民自愿将水费中的增加部分作为建立流域生态补偿基金的来源，致力于改善流域的生态环境，以消除旱涝对农业耕作的影响。

（四）矿业生态补偿

欧美国家较早关注矿业生产对环境的影响，并在生态补偿方面进行了开创性的实践工作。如以立法的形式对新老矿区分别实施不同的生态补偿政策，对于立法前就已经存在的老矿区的历史遗留问题，突出政府的补偿主体责任。美国在国库和州账册中设立了“废弃矿恢复治理（复垦）基金”，其主要包含了恢复治理费、土地征收的使用费和捐款。德国中央政府和地方政府则共同筹集矿业生态补偿资金，两者筹资比率分别为

① 任世丹，杜群.国外生态补偿制度的实践[J].环境经济，2009(22)：34-39.

75%和25%，[①]一旦出现了生态环境的破坏，开发过程中和结束后的生态治理和恢复都由开发企业负责。为对开发企业的补偿行为进行约束，大多数国家都实行了自然资源开采许可证制度、矿产资源开发复垦抵押金或保证金制度。[②] 其中，德国的相关规定较为具体，矿业开发的审批需要提交矿区的复垦方案，同时要求企业提交年利润的3%成立实施复垦方案的基金。此外，对于因矿业生产而破坏的森林和草地等土地，企业须按相同面积进行异地补偿。

（五）生物多样性生态补偿

生物多样性的补偿往往与保护地生态补偿紧密相关。由于生物多样性具有明显的公共物品特征，生物多样性的补偿受到了政府层面的高度重视，公共支付或政府购买是其主要的补偿方式。例如，巴西将25%的销售税返还给建立保护地和实行可持续发展政策的州政府，各地获得的税收数量由保护地面积、保护水平和质量等因素决定。美国通过地役权保护，即通过签订地役权协议，直接购买具有较高生态价值的栖息地，或对出于保护目的而划出全部或部分土地的所有者进行税费减免等方面的补偿。随着生态补偿意识的提高，一些国家为弥补政府投资的不足，还利用公众支付或捐赠的方式对生物多样性保护地支付生态补偿金，如Montgomery和Helvoigt[③] 以及Bandara和Tisdell[④] 等通过意愿调查法了解公众对保护地生态恢复和环境保护的支付意愿，从而制定恰当的政策鼓励公众积极参与到保护地的生态补偿中来。生态产品认证也是国外对生物多样性或保护地进行生态补偿会用到的方式，通过生态产品（也称生物多样性友好产品）认证计划，消费者可以指定补偿那些经过认证的生态友好产品。例如，在保护地产品上标注是否木材制品，将其销售给支持

---

① 孔凡斌.生态补偿机制国际研究进展及中国政策选择[J].中国地质大学学报，2010(2)：1-5.

② 戴茂华，谢青霞.论我国矿产资源开发生态补偿机制的法律构建——以稀有金属矿开发为例[J].东华理工大学学报，2014(1)：69-73.

③ MONTGOMERY C A，HELVOIGT T L. Changes in Attitudes About Importance and Willingness to Pay for Salmon Recovery in Oregon[J]. Journal of Environmental Management，2006，78(4)：330-340.

④ BANDARA R，TISDELL C. Changing abundance of elephants and willingness to pay for their conservation[J]. Journal of Environmental Management，2005，76(1)：47-59.

保护地管理的消费者。此外，使用物种或栖息地（如科研、狩猎、生态旅游等）的补偿、限额交易（可交易的湿地平衡资金信用额度、可交易的生物多样性信用额度等）等市场化的补偿方式在国外生物多样性或保护地生态补偿中也有使用。

（六）保护地生态补偿

从保护地类型来看，国外保护地生态补偿的研究多以国家公园为研究对象，研究内容可分为对正外部性的补偿和对负外部性的补偿两个方面。

（1）对正外部性的补偿。由于森林是国外最为成熟的生态补偿领域，对国家公园生态补偿的研究也不可避免地涉及森林生态补偿。例如，Petherarm 和 Campbell 以 Cat Tien 国家公园核心区和缓冲区的两个村子正在实施的森林生态服务付费为例，研究穷人接受和坚持 PES 计划的影响因素，为 PES 的设计提供了指导。Hegde 和 Gary 以 Gorongosa 国家公园缓冲区内的社区为例，评价了莫桑比克乡村地区一个小规模森林碳汇 PES 项目对参与农户的影响。Kachele 和 Delamater 研究勃兰登堡市农业部门在 Lower Odra Valley 国家公园管理的两个生态保护项目，其一为农民在退耕还草项目中，每公顷可以得到 150 欧元的补偿；在另一个项目中，农民为保护在地面孵卵的鸟类而延迟收割时间可得到每公顷 50～150 欧元的补偿。这些研究在本质上与国家公园的特性无直接关系。①

（2）对负外部性的补偿主要围绕社区与国家公园保护政策之间的冲突给社区带来的负外部性展开，其中尤以社区与野生动物之间的冲突研究为多。为补偿野生动物对社区庄稼、牲畜及人身安全等造成的损害，很多国家都对受影响居民给予了资金补偿。虽然支付补偿金可以提高当地农民对野生动物的容忍程度，但补偿往往不足以弥补野生动物造成的损失，且补偿程序复杂、耗时、成本高，使得这一措施受到很多批评，Schroeder 认为直接补偿是“一种经济强制措施而不是解决资源管理冲突的合理方式”。研究者也对补偿方式进行了调研分析，如 Catrina 和 Mac Kenzie 在对 Kibale 国家公园周边村庄的庄稼遭受的损害成本进行调查时

① 张百灵.正外部性理论与我国环境法新发展[D].武汉：武汉大学，2011.

发现，一些农民提出把分享公园收入作为直接补偿的替代措施，但补偿金应该以现金形式还是社区项目形式（人们担心这种形式会使真正受到庄稼损害的人无法受益）实施尚存在争论。Sitati 等学者认为补偿起不到作用，而建议将资金直接用于防卫措施，以避免动物侵害的发生，减少损失。①

除了社区与野生动物的冲突，国家公园实施负外部性补偿的原因还有社区传统生产生活方式与公园保护政策之间的冲突。国家公园的建立给原本已经非常贫困的社区居民带来了较高的生活成本，Priya 等通过接受意愿法（WTA）评估得出禁止进入雨林（不能再从事农业活动、获取林产品）造成的 Mantadia 国家公园周边社区农户的损失约为312 331美元，进而理解社区对热带雨林的使用与保护雨林的制度措施之间的经济联系。② Trakolis 进行的 Prespes Lanes 国家公园社区居民对规划与管理感知的问卷调查结果显示，如果现有农业生产活动对公园湿地造成破坏，人们愿意改用环境友好型的农业生产方式，但要有经济激励措施，如对每年的收入损失进行补偿，或通过参与公园旅游工作来获取经济上的补贴。③旅游通常被保护机构认为能够有效缓和人与野生动物之间的冲突，对此，乌干达已经通过立法规定了公园门票收入的 20%与地方政府共享，目的在于平衡保护地周边社区居民受到的限制与保护行为之间的关系。

（七）跨流域调水生态补偿

国外的跨流域调水生态补偿中，补偿方式有政府直接支付、地区间协议补偿、政府购买、水权转让、灌溉者付费、综合补偿。

1. 政府直接支付

政府直接支付在上下级政府之间展开，其效果是能够转移和调解跨流域调水沿线的区域收入，从而调整区域间经济社会发展不平衡的状况。④ 澳大利亚通过政府直接支付建设国家公园、保护雪山调水工程水资源。在雪山调水工程沿线，政府出资修建了许多水库，并兴建了国家公

① 张一群.云南保护地旅游生态补偿[D].昆明：云南大学，2015.

② 殷鑫.生态正义视野下的生态损害赔偿法律制度研究[D].武汉：华中师范大学，2013.

③ 陈海鹰.自然保护区旅游生态补偿运作机理与实现路径研究[D].昆明：云南大学，2016.

④ 才惠莲.我国跨流域调水生态补偿法律制度研究[M].北京：法律出版社，2018：61.

园。国家公园只能提供旅游观光服务，不能兴建发展其他产业。在农牧区内，政府规定坡度陡于18度的坡地禁止耕种。这些地区由此丧失的发展机会成本由联邦政府及获益的州政府支付。

2. 地区间协议补偿

德国是欧洲开展生态补偿较早的国家，其跨流域生态补偿具有鲜明的特色，德国着力进行调水沿线区域补偿资金转移，并依据相关地区政府之间签署的协议进行。

德国巴伐利亚州调水工程由州政府全额投资建设，州政府作为该工程的业主，负责工程规划、建设监管和调度等全部工作。根据巴伐利亚州政府和联邦政府之间、相关地区政府之间签署的协议，除航运归联邦政府管理外，工程调度、管理、生态保护等由巴伐利亚州全部负责，对于输水系统经过的地区，政府之间通过转移支付的方式负责协调工程的生态环境保护工作。生态补偿资金的转移支付主要由工业化程度非常高的纽伦堡、克里根布隆地区对凯尔海姆、里登堡地区进行。① 转移支付保证了足够的生态补偿资金，改善了库区周围乡村环境，有价值的生物群落和新的生态环境已经形成。

3. 政府购买

政府购买指政府在公共服务预算中拿出经费，将由自身承担的生态补偿事项交给有资质的社会组织进行，向社会机构购买生态环境的公共服务。② 政府购买是提供跨流域调水生态补偿的具体方式。

美国纽约市约900万市民饮用水的90%来源于流域上游。由于微生物污染，美国环保局从1989年开始，要求所有用地表水作为城市供水水源的城市建立过滤净化设施。纽约市环保局认为，该设施需要的投资和运行费用成本十分高昂，而如果对流域上游地区进行投资，改善其土地利用和生产方式，水质就可以达到要求，且成本更低。最终纽约市决定投资购买流域上游的生态环境服务，向流域上游奶牛场和林场经营者提供了4 000万美元，采用了环境友好的生产方式来改善水质。③

---

① 才惠莲.我国跨流域调水生态补偿法律制度研究[M].北京：法律出版社，2018：61-63.

② 同①64.

③ 同①65.

4. 水权转让

国外生态补偿实践将自然资源使用权的赋予作为开展生态补偿的前提条件。跨流域调水水权转让过程中，政府明确规定水权份额、水权转让范围和水权优先顺序等。水权转让的补偿方式使调水区受益，从而促进调水区水源、水质保护和改善，减少污染排放，提高生态环境质量，帮助调水区筹措到一定的生态环境建设所需资金。① 美国加利福尼亚州以“水银行”为中介来进行跨流域调水水权转让，“水银行”根据受水区的水资源状况，联系水量节余或不足的用水户，并充当其水权流转的媒介，它将每年的来水量按水权分为若干份，采用股份制形式对水权进行管理。水权节余者通过存储剩余水权从中获益，需水者则通过支付相应费用购买水权，满足其用水需求。

5. 灌溉者付费

在澳大利亚，由于农业耕作和放牧，再加上跨流域调水工程建设，境内森林和林地植被大量减少，威胁到了农田生产和城市供水。因此，许多地方开始了生态补偿的尝试，马奎瑞河“灌溉者支付流域上游造林协议”就取得了显著成绩。马奎瑞河上游的森林砍伐加速了土壤水分蒸腾，导致土壤盐渍化问题日益严重，因此马奎瑞河下游600个农场主组成的食品和纤维协会、新南威尔士州的林务局，以及上游土地所有者共同制定了“灌溉者支付流域上游造林协议”，规定由食品与纤维协会支付“蒸腾作用服务费”，支付流域生态环境功能性服务付费。1999年，新南威尔士林业部门和马奎瑞河食品，以及纤维协会达成“引水控盐贸易协定”，规定由马奎瑞河食品和纤维协会支付一定费用在上游更新造林，灌溉者在10年之内每年向新南威尔士林业部门支付每公顷42美元的更新造林土地费用，购买减少蒸发或盐化的信贷。林务局利用该项经费在上游种植脱盐植物、林木等，达到了保护水质、避免盐碱化的目的。②

6. 综合补偿

综合补偿是由两种或两种以上的生态补偿方式灵活组合、协调适用

① 才惠莲.我国跨流域调水生态补偿法律制度研究[M].北京：法律出版社，2018：65-66.

② 同①68.

的补偿方式。如美国中央犹他工程补偿计划，是将政府直接补偿制度与水权生态补偿制度相结合。美国中央犹他工程位于犹他州中北部及中部偏东地区，该工程计划将灌溉用水供给位于犹他州农村地区的尤因塔流域和博纳维尔流域，还将向瓦萨奇·弗兰特地区供水，以满足生活和工业用水的需求。1956 年的《科罗拉多储水工程法案》并没有照顾到流域部落的发展问题，致使部落生活环境遭到了严重破坏，更严重的是限制了当地居民的捕鱼活动，当地的经济发展趋于停滞。根据美国政府与乌特印第安部落 1965 年签订的经济补偿协议规定，补偿内容包括博纳维尔枢纽中生活和工业用水的部分税收、一项发展基金、为改善部落农耕方式建立的设施，以及以保护自然环境和增加经济机遇为目的的多项措施。① 博纳维尔枢纽的生活和工业用水税收每年支付给乌特印第安部落 200 万美元；农业、自然资源和发展基金每年需要支付的经费超过 2 亿美元。1992 年的《中央犹他工程实施条例》对调水沿线的部落也做出了规定，最为明显的就是对乌特印第安部落的补偿规定。该条例将尤因塔和库赖保护区授权给乌特印第安部落，其目的是通过协议方式量化乌特印第安部落应得的水权，并解决因修建中央犹他工程而引发的长期未得到解决的生态损失问题。

第三节　我国生态补偿制度理论与实践的反思

我们通过梳理国内外生态补偿制度理论与实践状况，结合当前中国生态补偿制度实践需求，发现我国生态补偿制度理论与实践还存在着一些问题和不足之处，有进一步发展与创新的空间。

一、我国生态补偿制度理论与实践的问题与不足

（一）生态补偿价值定位不明

长期以来，我国生态补偿理论与实践坚持“谁补偿、谁受益”的原则，

① 才惠莲.我国跨流域调水生态补偿法律制度研究[M].北京：法律出版社，2018：69-71.

多种生态补偿措施都注重对生态保护做出贡献的受损者的补偿，生态补偿理论与实践都强调保障人的利益，强调通过生态补偿实现受益者与受损者之间的利益平衡。然而，如果生态补偿仅仅是实现了受益者与受损者之间的利益平衡，而不关注生态环境本身的价值实现的话，那么生态补偿的最终目的是难以真正实现的，各项生态补偿的意义也就无从谈起。比如国家实施的退耕还林还草生态补偿措施，虽然把补偿资金拨给了当地政府，政府也实施了退耕还林还草的措施，但退耕后林草生长情况缺乏后续关注，导致生态补偿的效果大打折扣。

（二）补偿原则没有体现生态保护优先理念

2015年1月1日实施的新《环境保护法》明确规定了建立生态补偿法律制度，但由于我国还没有专门的生态补偿制度立法，而现行生态补偿制度又散见于一些自然资源单行法中，指导思想不统一，很难形成科学、合理、统一的生态补偿制度。目前，学界提出了谁利用（受益）谁补偿（付费）、效益原则、公平原则、谨慎预防等原则，对生态补偿的原则进行了探讨，但尚未达成共识，更没有体现生态保护优先的理念，这将不利于生态补偿价值目标的实现，最终的实践效果也难以达到。确立生态补偿的基本原则应当以生态利益为中心，以生态公平与正义为准绳；补偿要兼顾当代人和后代人的生态利益，增进代内公平、代际公平与自然公平；①在不同情境中分别执行污染者付费原则（PPD）、使用者付费原则（UPP）和受益者付费原则（BPP），同时要执行生态保护的效率原则，即生态保护投入向边际效率高的区域或领域转移的原则。

（三）补偿机制时效短

当前的生态补偿机制，特别是国内实践中，多数是由政府代理以短期工程项目的形式投入资金、实物或技术等短效的生态补偿机制②（如石羊河流域生态治理工程、中国退耕还林工程等中的现金、粮食补贴），而缺少补偿程序明确、具有长期性、可操作性的、经济生产性等特征的生态补偿

---

① 刘加林，周发明，刘辛田，等.生态资本运营机制探讨——基于生态补偿视角[J].科技管理研究，2015(14)：210-213.

② 丁杨.发展中国家典型环境服务付费实践案例分析——肯尼亚的经验与启示[J].资源开发与市场，2017(1)：74-79.

机制设计，没有形成固定的生态补偿制度体系设置。此外，生态补偿政策自身具有不稳定性。许多生态补偿政策主要是以具有一定时效性的生态补偿项目为载体，一旦补偿项目结束，补偿资金就不再发放。① 更为重要的是，补偿资金投入的来源仍是以政府财政转移为主，完全市场化运行的补偿机制尚未真正形成与发挥效用，且多投资主体、灵活的市场手段应用仍处于初级阶段，政府代理购买生态服务的方式由于存在政策资金预算的约束（政府财政转移），补偿实践的效果非常有限。

（四）生态补偿实施效果评价缺失

我国生态补偿实践起步较晚，对生态补偿的研究主要集中在基础理论、补偿机制、补偿方法等方面，对生态补偿效果评价的研究相对较少，因此在实践过程中往往就很难及时有效地对生态补偿机制的运行状况和实施效率进行评估，同时这也很难为日后生态补偿工作的开展提供新方向。由此可见，生态补偿效果评价是生态补偿工作中一个极其重要的环节，评估的关键在于及时了解机制运行情况及实施的效果，从而为进一步完善补偿机制提供参考，为相关指标的动态调整提供依据。

（五）生态补偿管理主体混乱

生态补偿机制建立过程中，缺乏统一的归口管理造成了管理上的混乱。例如，我国各级政府的管理权限是严格以行政区域划分的，即某一级政府的环境保护主管部门对一定区域内的某一特定方面的环境保护、生态补偿进行管理，其后果是补偿行为在横向和纵向的分割。横向体现为各主管部门间环境保护侧重点的彼此对立，纵向则体现为各个不同行政区域内对同一资源与环境保护的割裂。② 管理主体的混乱导致生态补偿资金分散、生态补偿效果欠佳。

二、我国生态补偿制度进一步发展的空间

从 1987 年张诚谦老师在国内首提生态补偿概念③，到连续多年学者

---

① 王清军.法政策学视角下的生态保护补偿立法问题研究[J].法学评论，2018(4)：154-164.

② 李连英，朱青，熊芳萍，等.江西省矿产资源开发的生态补偿机制探析[J].煤炭经济研究，2009(9)：25-26.

③ 杨春平.我国生态补偿制度研究[D].长春：吉林大学，2016.

们围绕生态补偿性质、补偿主体、补偿范围、补偿对象、补偿机制等持续探索研究，再到《环境保护法》《中华人民共和国水污染防治法》(以下简称《水污染防治法》)等立法对生态补偿法律制度的增补完善，我国生态补偿制度正日益健全。

但是，目前我国生态补偿理论和实践侧重具体的制度建构，如对生态补偿主客体、生态补偿的对象、生态补偿标准等的研究，而缺乏生态补偿价值定位方面的研究，理论与实务部门普遍认为生态补偿就是生态受益者对受损者的利益补偿，但利益补偿所指向的价值目的何在？生态受益者的范围是什么？应当是个人还是群体？是集体还是国家？受损者的范围如何界定？尤其涉及流域这种范围比较广的生态补偿，更需要界定其补偿目标及价值定位。目前，学界对这些问题并没有详细说明。

近年来，为缓解地区水资源供需不足，以“南水北调”工程为标志，我国开工建设了一大批跨流域调水工程。跨流域调水给缺水地区带来了巨大的社会、经济和环境效益，但同时也给被调水地区造成了一定的损失。尤其是由于南水北调工程的生态建设与保护，沿线输水河道周边地区被禁止开发，控制区被限制开发，客观上影响了地方经济的增长。比如，区域内企业的关闭、搬迁、并转补偿、产业布局重大调整、进一步发展的土地资源严重短缺，造成地方税源减少；企业排放标准提高、农业面源污染防治、发展方式发生重大转变，造成生产成本上升；水利设施建设、污水处理、湿地修复与保护等工程的实施，以及一系列的补偿、赔偿、企业搬迁和人员安置等，造成财政支出压力加大。这些都进一步影响了地方经济发展的速度与后劲，虽然国家从经济上给予了一些补偿，或者从项目上给予了支持，但这仅仅是“杯水车薪”，不足以弥补对南水北调沿线区域生态和经济发展造成的影响，也难以对南水北调工程的可持续发展形成激励效果。

南水北调中线工程自 2014 年通水以来，不仅给北方地区输送了良好的水源，而且形成了一个独立的人工流域生态系统。然而，目前南水北调中线工程的生态补偿制度安排偏重关注水源区的补偿，忽视了沿线区域对工程生态安全所发挥的作用和贡献。此外，目前南水北调中线水源区的主要补偿形式是在政府主导下的现金补偿和实物补偿，包括建设征地补偿、水土保持补偿和生态移民就地安置等。这种补偿形式只是解决生态保护者的脱贫问题，而不能从根本上解决南水北调工程的安全运行及生态保护问题。因此，南水北调中线工程沿线生态补偿无论是价值定位、补偿关系还是制度体系设计都为我国生态补偿理论与实践提供了新的样本和范例。在生态文明建设、全面依法治国、国家环境治理体系及治理能力现代化背景下，对生态补偿制度，尤其是南水北调这种特殊人工流域的生态补偿制度进行深入系统研究，是新时代新发展的迫切需要，具有重要价值。

目前，学者们对南水北调中线工程中水源区工程的研究较多，主要包括水源区水文循环过程对气候变化的影响研究①、水源区生态补偿机制研究②、水源区水质安全评价研究③、水源区生态补偿标准研究④、水源区生物多样性变化⑤以及生态系统服务变化研究等，而对于南水北调输水工程及其沿线相关问题的研究较少。因此，该类研究对南水北调中线工程沿线概况、南水北调工程对河南省沿线地区的积极与消极影响、南水北调中线工程沿线生态补偿制度构建与制度框架、南水北调中线工程沿线生态补偿实践及制度障碍，以及南水北调中线工程沿线生态补偿保障机制等一系列问题的研究都具有极大的理论和现实意义。

---

① 张利平，秦琳琳，胡志芳，等.南水北调中线工程水源区水文循环过程对气候变化的响应[J].水利学报，2010(11)：1261-1271.

② 李雪松，李婷婷.南水北调中线工程水源地市场化生态补偿机制研究[J].长江流域资源与环境，2014(23)：66-72.

③ 张中旺，江华军，李长安，等.南水北调中线工程核心水源区水安全模糊综合评价[J].南水北调与水利科技，2012(10)：16-21.

④ 周晨，丁晓辉，李国平，等.南水北调中线工程水源区生态补偿标准研究——以生态系统服务价值为视角[J].资源科学，2015(37)：792-804.

⑤ 包洪福.南水北调中线工程对丹江口库区生物多样性的影响分析[D].哈尔滨：东北林业大学，2013.

第二章　生态补偿制度构建的新样态

——南水北调中线工程沿线生态补偿

南水北调中线工程是我国优化配置水资源的重大举措，是解决华北地区缺水问题的一项战略性基础工程。生态补偿通过将生态环境保护的外部成本内部化，促进生态服务功能增殖，从而平衡南水北调中线工程水源区与沿线受水区之间的协调发展问题。南水北调中线工程生态补偿是新时代我国生态补偿理论与实践的重要组成部分，补充完善了我国生态补偿的理论与实践内容。

第一节　南水北调中线工程概况及其影响

南水北调中线工程是我国大型跨流域调水工程。该工程从丹江口水库引水北上，途经河南省南阳市、平顶山市、许昌市、漯河市、周口市、郑州市、焦作市、新乡市、鹤壁市、濮阳市、安阳市 11 个省辖市，进入河北，在惠南庄出河北省边界，过北拒马河进入北京市境，到达玉渊潭。天津干渠自河北省徐水区西黑山村北总干渠上分水向东至天津西河闸。南水北调中线工程跨越区域广泛，涉及利益主体众多，利益关系复杂。

一、南水北调中线工程概况

南水北调中线主体工程由水源区工程和输水工程两部分组成。水源区工程为丹江口水利枢纽后期续建和汉江中下游补偿工程，输水工程即引汉总干渠和天津总干渠。

(一) 南水北调中线工程水源地与总干渠

南水北调中线工程的主要任务是为城市生活与工业供水，兼顾农业与其他用水。工程起点位于湖北省汉江丹江口水库。南水北调中线工程水源地包括丹江口库区及其上游地区，总集水面积 91 388 平方千米，水源地涉及 3 省 7 市 40 多县。南水北调中线工程水源地在河南省境内主要有 3 市 6 县，其中包括三门峡市的卢氏县、洛阳市的栾川县以及南阳市的淅川县、西峡县、内乡县和邓州市。

南水北调中线输水干渠渠首位于河南省南阳市淅川县九重镇陶岔村，沿伏牛山和太行山山前平原，京广铁路西侧，跨长江、淮河、黄河、海河四大流域，根据地形与高程设定自流输水到北京、天津、华北平原及沿线河北、河南两省的部分地区。南水北调中线输水干渠全长 1 432 千米，穿过了黄河干流和其他所经区域的众多河流，其中集流面积在 10 平方千米以上的河流共 219 条。南水北调中线输水干渠跨越的铁路共 4 条，其间建设的公路桥合计 517 座，此外还有节制、分水、退水建筑以及代替明渠的隧洞、暗渠等建筑，总干渠上的各类建筑物共计 936 座(其中不包括 10 平方千米以下的小河渠)，仅在天津段干渠上的建筑物就有 119 座。①

南水北调中线工程规划河南省供水区总面积 2.36 万平方千米，供给区内 1 座省辖城市和 30 座县级市及县城，主要包括南阳、周口、平顶山、许昌、新乡、郑州、焦作、鹤壁、淮阳和安阳等地区；按照南水北调中线工程建设的中后期规划，南水北调中线工程将实施汉江中下游全面治理工程和引江工程，进一步扩大供水区域与范围，规划河南省供水区土地面积达 5.93 万平方千米，计划供给区内 13 座省辖市和 60 座县级市及县城。

(二) 南水北调中线工程沿线水源保护区与生态廊道

南水北调中线工程是中原大部分地区、华北平原、天津、北京及干渠沿线各省多个城市重要的饮用水来源，安全的水质保证对受水区非常必要。为保一渠清水北送，防止一定范围内人类生活和工农业生产所排放

---

① 俞澄生.南水北调中线工程的必要性和主要建设项目[J].长江水利教育，1994(4)：46-54.

的污染物通过地下水渗透和空气传播等方式进入输水总干渠，造成总干渠水质污染，这就需要在总干渠两侧范围内划定饮用水水源保护区。依据预防为主、因地制宜、科学合理和重点突出等原则，这就需要在干渠两侧划定一级保护区和二级保护区，采用经验与分析计算相结合，并参照相关规范综合分析的方法进行。① 一级和二级保护区在预防水质污染的功能方面具有不同之处，其中一级保护区主要是保证居民饮用水安全，二级保护区主要是在出现污染饮用水源的突发情况下，保证有足够采取措施的时间和缓冲地带。南水北调中线总干渠水源保护区水质保护功能的实现主要是通过控制保护区内人类活动（如农业活动、工业活动、城市建设活动、经济活动、资源开发活动以及其他活动）来达成的。

2014 年国务院南水北调工程建设委员会办公室（以下简称南水北调办）正式批复了南水北调中线干线工程防护林及绿化一期工程，全面启动绿化带建设工程，着力打造一条中线干渠的绿色长廊。南水北调中线干线工程防护林及绿化一期工程包括陶岔至沙河南段工程（淅川段、湍河渡槽、南阳市段）、沙河南至黄河南段工程（潮河段、郑州 2 段、郑州 1 段）、穿黄工程、黄河北至漳河南段工程（沁河倒虹吸、焦作 1 段）、穿漳工程、漳河北至古运河南段工程（洺河渡槽、南沙河倒虹吸、邢台市段、鹿泉市段）、天津干线工程。一期工程涉及南水北调中线干线工程防护林建设长度 197.067 千米，面积 337.60 公顷；238 个节点绿化工程，其中包括 4 个重要性节点、20 个主要性节点和 214 个一般性节点绿化工程；②防护林质量提升工程干渠长 0.7 千米，防护林提升面积 1.12 公顷。中线干线工程生态带的建设对于促进沿线地区经济结构的战略性调整，推动防护林带、城镇园林绿地和生态农业建设，打造中线沿线绿色生态走廊，改善沿线地区的自然和生态景观，实现沿线地区经济社会可持续发展具有重要意义。③

① 王瑞芬.南水北调中线京石段总干渠水源保护区划定[J].水科学与工程技术，2013(3)：30-33.

② 郭雪峰，常志兵，梁建奎.生态廊道建设让一江清水常清——南水北调中线生态建设效果凸显[J].国土绿化，2017(1)：20-25.

③ 余亚男，孙向鹏.浅论南水北调中线工程总干渠两侧生态带建设的必要性[J].河南水利与南水北调，2012(3)：43-44.

二、南水北调中线工程对工程沿线区域的影响

南水北调中线工程自通水以来，不仅为受水区解决了生产、生活等用水问题，也为当地生态环境改善和经济稳步增长做出了贡献。但为了实现“一泓清水永续北上”的目标，南水北调水源区以及干渠沿线各地也做出了极大牺牲。

中线工程中的北京、天津等华北地区是我国政治、经济、社会与文化的中心区域，丰富的矿产资源，密集的城市建设、发达的交通运输系统使这些地区成为我国重要的工业和农业生产基地。然而随着国民经济的迅速发展和人口数量的增多，这些地区水资源变得十分短缺，其中海河流域缺水状况最为严峻，水资源枯竭、水质恶化，大部分河道已成为季节性甚至常年无水的河道，地下水严重超采，城乡供水出现全面紧张的态势。如果这些地区放任水资源继续衰减和生态环境持续恶化，将会给当地的社会、经济、人文发展带来恶劣影响，造成无法弥补的严重后果。南水北调中线工程，抽调长江部分水量送至北京、天津等华北地区，实现南北水资源的合理配置，不仅可以缓解水资源供需矛盾、解决城市缺水问题，控制地表水过度利用和地下水超采严峻形势，遏制生态环境继续恶化的趋势，①还可以成为促进这些地区国民经济与社会可持续发展的重要支撑。

南水北调中线工程对受水区及沿线区域带来的优势是显而易见的，但其同时也给水源区及沿线区域带来了一些不利的影响，具体表现如下。

（一）影响区域生态平衡

生态系统是人类生存和发展的基础，生态系统的完整性和平衡性所能够提供的生态系统服务对人类福祉至关重要。南水北调工程在施工建设中修建的总干渠、渡槽、道路、桥梁等设施给沿线地区的生态环境造成一定的破坏，影响了区域的生态平衡。

1. 改变生态系统格局，影响生态系统服务供给

南水北调中线总干渠在河南境内全长 731 千米，总干渠两侧水源保

① 单松波，耿万东.南水北调中线工程建设的必要性和迫切性[J].南水北调与水利科技，2002(3)：13-15.

护区面积共计 3 054.43 平方千米。南水北调中线总干渠贯穿河南省 8 个地级市，且在这些地级市的总干渠上修建了大量的渡槽和路桥等，建设过程中占用当地的部分农田、林地和其他土地，给当地的景观、格局等造成了影响，打破了原生态系统的平衡。

生态系统服务是指人类直接或间接从生态系统中获得的产品或惠益。[①] 通常，生态系统服务包括供给服务（包括食物、淡水、薪材、燃料、纤维、装饰资源等）、调节服务（包括气候调节、空气质量调节、水源调节、水质净化、传粉、侵蚀调节、处理废弃物、调节害虫等）、支持服务（包括土壤形成、养分循环、初级生产力、光合作用等）和文化服务（包括精神和宗教信仰、娱乐和生态旅游、美学、灵感、教育、地方感、文化多样性、故土情节等）。生态系统只有保持完整性才能发挥其功能，从而为人类提供各种类型的生态系统服务。南水北调中线工程总干渠的建造破坏了景观生态系统的格局和功能，进而影响了其提供给人类的生态系统服务，尤其是对农田和林地等景观的破坏在一定程度上影响了粮食生产服务和空气质量调节服务等，也造成景观美学等文化生态系统服务质量的降低。

2. 截断生态廊道，降低景观连通性

廊道是指不同于周围景观基质的狭长地带，是具有通道或屏障功能的线状或带状的景观要素。廊道具有保护生物多样性、保护物种栖息地、防止水土流失、调控洪水等多种功能。景观连通性是指廊道在空间上的连续性度量。南水北调中线总干渠贯穿河南省 8 个地级市，不可避免地截断了自然形成的廊道，在河南省境内，部分天然林带和草原带廊道、河流廊道、道路廊道等主要廊道类型被南水北调中线干渠截断，严重降低了这些地区生态系统的景观连通性。南水北调中线工程对沿线河流廊道的影响尤为明显，不仅影响到地上河流的走向，还影响到地下水的水位。如河南省南阳市方城县被南水北调中线总干渠切断的河流和较大自然沟就有 76 条，平顶山市被截断的河流共有 113 条，虽然部分河段上方恢复了河渠交叉建筑物，但部分截流沟断面标准过低，且仍然有多半数量的河流

① 刘慧敏，刘绿怡，任嘉衍，等.生态系统服务流定量化研究进展[J].应用生态学报，2017(8)：2723-2730.

没有进行后期恢复和修复，这就造成了自然河流行洪、泄洪困难。排洪不畅造成了该地区上千亩土地被淹没，严重影响农民生计。河南省方城段南水北调中线总干渠最大挖方深达19米，挖方导致浅层地下水径流被截断，总干渠两侧地下水位下降，每逢旱季，干渠两侧压水井无法使用，严重影响了当地的生产生活。

南水北调中线工程总干渠建设对沿线道路也存在一定影响。总干渠绵延数公里，许多地方的道路、桥涵被因此截断。例如，南水北调中线工程总干渠在南阳市方城县境内截断道路145条，之后只复建道路、桥涵等71座，部分地区采取措施将受影响的道路进行了改道、改线，但仍有部分区域道路网络被切断，影响了地区内部和区域之间的物流交通。

（二）限制区域经济发展

南水北调中线工程为保障水质安全，在一定程度上也限制了沿线地区的经济发展。

1. 限制工业发展

据初步统计，河南省总干渠水源保护区内共有企业2 591家，其中一级保护区内有273家，二级保护区内有2 318家。根据要求，任何单位在南水北调中线总干渠一级水源保护区内不得建设任何与总干渠水工程无关的项目，在二级水源保护区内不得新建扩建污染较重的废水排污口、新建扩建污染较重的化工项目、从事对总干渠输水水质存在潜在风险的建设项目。对于在水源保护区范围内新建、改建、扩建的项目，各级投资专管部门要依法依规执行建设项目审批程序；环保部门要对水源保护区内的排污单位实施限期治理；建设单位必须严格执行《建设项目环境保护管理条例》《河南省建设项目环境保护条例》等，认真落实有关自然资源和生态保护的法律、法规。

为保障南水北调中线的水质安全，河南省水源区和干渠沿线一级、二级水源保护区内众多企业关停和搬迁。例如，河南省水源地3市6县（南阳、洛阳、三门峡市所属的西峡、淅川、邓州、内乡、栾川和卢氏县）已关停并转移企业801家，新乡市干渠沿线一级水源保护区内，13家化工、服装、建筑等企业已搬迁到其他地方；总干渠两侧二级水源保护区内共243家企业在相应乡（镇）政府牵头下，配合环保部门制定整改、治理或搬迁方案，确定了在相应时间节点进行进一步整治，并建立了工作台账。南水北调中线总干渠两侧的水源保护区范围内企业的关停、搬迁和整治，限制了沿线地区的工业发展，给当地的经济发展造成了较大损失。

2. 限制农业发展

南水北调中线工程及其配套设置和项目的建设不仅造成区域农田大面积缩减、农业化规模减小、耕地破碎化程度加剧、地力恢复不彻底、农业机械化耕作成本增加、农作物减产等问题，而且对水源区及其干渠沿线部分地市的灌区造成影响，工程的建设也直接破坏了农业所需的水利设施等。例如，南水北调中线干渠在河南省南阳市方城县境内总长度 60.794 千米，一级、二级保护区涉及 9 个乡镇中 108 个行政村，方城县南水北调涉及的鸭河口灌区和望花湖灌区的影响面积达 16.47 万亩，虽然工程后期进行了一定程度的恢复，但仍然不能满足实际需求。方城县还围绕粮食基地建设项目、节水灌溉项目等建设了多个井灌区，近年来虽然这些项目发挥了积极的效益，但是南水北调中线总干渠从井灌区的中心穿过，直接影响当地灌溉面积 3 万多亩，减少了这些区域的农业灌溉用水，间接影响了地区农业的生产。

丹江口水库及其库区周边、南水北调中线干渠沿线部分地区的山地坡度大，且农村及耕地面积大，又主要分布在入库河流附近，现阶段大部分耕作基本仍沿用传统方式。为提高农作物产量，区域内农民大量使用化肥、农药，农业面源污染状况较为严重。例如，方城段干渠沿线保护区域内每年农药施用量 500 余吨，施用化肥量 4 000 余吨、氮肥施用量 200 余吨，过量的化肥施用到农田，随着水土流失和下渗等影响了南水北调干渠中的水质。为保护水质，提出南水北调干渠沿线保护区农业种植不得违背国家有关农药安全使用和环保的有关规定，以及在南水北调水源区内以及沿线一级、二级保护区内禁止使用农药化肥、杀虫剂等。虽然这些措施在一定程度上有利于减少农业面源污染，保障南水北调干渠内的水质安全，却造成沿线一定范围内农作物产量下降，给区域农业生产带来了一定损失。

3. 限制畜牧业发展

南水北调中线工程饮用水水源地与干渠沿线一级、二级保护区为了防止水资源污染，采取的主要措施包括对禽畜养殖场实施关停，对部分禽畜养殖场进行改造，极大地限制了畜牧业的发展。例如，南阳市关闭、搬迁畜禽养殖场 1 082 家，水库周边取缔网箱养殖 5 万多个。新乡辉县市一级水源保护区内禽畜养殖场 14 家，二级保护区内禽畜养殖场和养殖专业户 449 家，全部需要依法关闭或者搬迁。同时中线工程水源地与干渠沿线周边的适养区内禽畜养殖场的粪污处理要求和标准进一步提高，完善粪污处理设施所需资金更多，这些资金无疑增加了养殖户的经济负担。

（三）增加区域生态保护成本

为保证南水北调饮用水水源质量，保障广大人民群众饮水安全，南水北调中线工程干渠沿线各地区各部门不断加强一级、二级保护区内饮用水水源地污染和水质的监督排查力度，积极开展总干渠沿线环境综合整治，加强环境监测、严格环境执法、确保水质安全。围绕南水北调水质安全与生态建设两大主题，南水北调工程沿线的相关省市和地区开展了一系列生态环境治理项目，极大地增加了区域生态保护成本。

1. 石漠化治理

南水北调中线工程水源地，库区，干渠沿线一级、二级保护区及其周边的部分地区存在水土流失现象；部分地区由于人类不合理的社会经济活动等出现自然植被遭破坏、土地生产能力衰退或丧失、地表呈现石漠化等问题。南水北调中线工程库区水土流失现象比较严重，现有水土流失面积为 11 902.09 平方千米，占总土地面积的 44.84%。为治理南水北调中线水源区及其沿线生态问题，控制水土流失加剧，改善生态环境，河南省有关生态保护成本进一步增加。例如，在水库饮用水水源保护区范围内 15 度以上的坡耕地全面实施退耕还林还草还湿，内乡县有近 20 万亩坡耕地需要退耕还林或者进行改造，这不仅致使人均耕地减少，而且其年粮食产量减少了 5 000 万公斤，该县每年获得国家粮食补贴减少 700 万元。此外，退耕还林及环境治理工作还导致相关方面的财政支出大幅增加。目前，河南省南阳市全市有 112 万亩石漠化严重的土地和 140 万亩潜在石漠化地区需要治理，其主要分布在丹江口库区周围的入库河流沿线，这导致集水区内部分入库河流泥沙含量过高，底泥沉积直接影响水库使用寿命和水质安全。然而想要完全解决南水北调中线工程水源地、库区、干渠沿线一级、二级保护区内的石漠化治理工作，需要更多财政投资和拨款。

2. "两厂"设施建设

南水北调中线工程水源区与干渠沿线保护区范围内分布着大量的村镇，以前农村生活污水横流、乱排乱放以及生活垃圾乱堆乱倒等问题严重影响了南水北调中线工程的水质安全。为了深入推进库区范围内乡镇和干渠沿线村庄等的环境综合整治，实现农村生活垃圾和污水统一收集和集中处理，当地政府在水源地及其干渠沿线村镇建立污水处理厂与垃圾填埋与转运厂(简称"两厂")。"两厂"设施建设可以从根本上解决农村生产和生活污染问题，但"两厂"设施建设需要大量的资金购进设备，建设后期又需要长期的厂外管网建设与维护等，资金缺口比较大。

3. 生态林建设与维护

为保障南水北调中线工程水源区及其干渠水质，南水北调中线库区及干渠沿线实施了一系列的生态林建设项目来构筑生态屏障。荒山造林、库区绿化、水源涵养林、生态防护林等能够有效减少环境污染物侵染水体，保障南水北调中线工程水质。但是由于部分地区荒山荒地面积大、石漠化程度严重、立地条件和自然条件等不足，区域造林难度加大，林木成活率低，生态造林建设困难较多。另外，生态林建设之后还需要明确管护责任，定期巡查看护、定期进行林木病虫害防治，以有效保护林木资源，因此，生态造林项目的实施与后期维护也需要大量资金投入。

(四) 减少区域部分发展机会

为确保南水北调中线工程水源不受污染，河南省水源地和干渠沿线一级、二级水源保护区范围内必须遵守和执行严格的生态环境标准，为此相关的各地区必然会丧失一些发展机会和发展权利。例如，在河南南阳市水源保护区范围内，为遵守严格的水源保护区项目审批，南阳市先后否决了 73 个大中项目的选址方案，终止了 62 个大中项目的前期工作，累计被拒之门外的项目投资额达百亿元以上。再如，南阳市内乡县具有丰富的矿产资源，水泥灰岩、花岗岩、大理石、石墨等矿产资源储量非常大，但由于南水北调保护生态环境的严格要求，内乡县的矿产资源开发受到了一定程度的限制，这些限制造成直接经济损失达 5 000 万元，综合损失达

3亿元。除了南水北调中线工程河南省区域，其他南水北调中线工程沿线的部分地区也存在这样的状况。

总之，南水北调中线工程在我国境内跨越南北，实现了水资源优势共享。不仅南水北调中线工程水源区做出极大牺牲，沿线地区也对该工程的顺利建设贡献了力量，但同时也付出了极大代价。虽然相关部门在建设生态廊道时沿线景观进行了优化设计，但人工建设项目毫无疑问会破坏区域原生生态环境，造成一定时期内的地区生态环境失衡。为了实现清水北流，南水北调工程沿线一级、二级保护区部分中小型企业关停倒闭，这损害了拥有者的经济利益，也限制了区域的经济发展。为保障输水水质安全，南水北调生态廊道建设、“两厂”设施建设、农村生态环境整治等项目在一定程度上增加了区域生态保护成本，给区域带来一定的财政压力。在经济快速发展的今天，南水北调项目的建设使得部分投资项目落地被限制，减少了部分区域发展的机会。南水北调中线工程在大的时空和格局上虽然有利于我国均衡、全面、协调、绿色发展，但在建设期间和后期，却给沿线的局部地区造成了不容小觑的损害。南水北调中线工程是关系我国国计民生的大事，对于干渠沿线受到该项目不利影响的地区和居民，国家应当给予政策倾斜，而生态补偿就是维持区域稳定和公平发展的重要举措。

第二节 南水北调中线工程沿线生态补偿内涵界定

一、南水北调中线工程沿线生态补偿内涵解析

虽然国内外有关生态补偿概念的研究颇多，并且也有一系列的制度实践，但南水北调中线工程作为人工水利工程与自然生态系统的结合，其生态补偿具有跨流域性、跨行政区域性、主体多元性等特征，我们需要从多个方面对南水北调中线工程沿线生态补偿的内涵进行分析。

在跨流域性方面，学界对跨流域调水工程的定义及标准做是保证南水北调中线水质安全的重要基础工作了如下论述：跨流域调水工程具有

极强的公益性，即国家从社会利益出发，对水资源进行人为调配，重新分配和调整天然状态下的用水利益。在此过程中，跨流域调水工程的生态补偿标准主要包括调水区生态保护、污染治理成本和因保证调水水量和水质而丧失的经济社会发展的机会成本。对于调水区而言，补偿标准应该足以弥补其成本，即至少要包含其提供生态系统服务的直接与间接支出。[①] 南水北调中线工程作为跨流域调水工程，其生态补偿的范围不仅包括对调水区利益损失的填补和救济，而且也包括干渠沿线地区因保障饮水质量而投入的生态保护、污染治理成本。

在跨行政区域性方面，《环境保护法》第三十一条明确了国家应建立、健全生态保护补偿制度。其中，"国家加大对生态保护地区的财政转移支付力度"的内容明确了国家在生态补偿机制中的重要责任主体地位。同时，《环境保护法》也明确了受益地区或者生态保护地区人民政府在国家指导下开展具体生态补偿工作的内容，体现了生态补偿机制的行政主导性特征。由于南水北调中线工程干渠横跨河南、河北、北京、天津四个省、直辖市行政区域，工程沿线的生态补偿机制也应当通过各地方政府的协作配合予以展开。此外，《环境保护法》第二十条规定的"国家建立跨行政区域的重点区域、流域环境污染和生态破坏联合防治协调机制"也可以被看作是环境基本法对南水北调中线工程沿线生态补偿机制实现跨行政区域协作治理的要求，体现了工程生态补偿机制的跨行政区域性。

在主体多元性方面，不仅国家是生态补偿的重要责任主体，而且各地方政府也是协助国家开展生态补偿工作的主要行政主体，并且企业、公众也都在工程沿线生态补偿主体的范畴之内。在补偿主体方面，根据《宪法》第九条国家拥有自然资源的所有权的规定，南水北调中线工程作为跨流域调水工程可以被看作是国家通过对水资源的调控来实现经济协调发展的目的，这也是国家作为生态补偿主体的逻辑起点。在具体实践中，国家除了颁布生态补偿相关的政策性文件，财政转移、税收优惠、政策扶持等生态补偿形式也反映了国家作为生态补偿主体的责任承担。同时，地

① 才惠莲.我国跨流域调水生态补偿法律问题的探讨[J].武汉理工大学学报(社会科学版),2014,27(02):269-274.

方政府作为国家生态补偿政策及制度的具体执行者，不仅代表国家承担生态补偿的相关责任，而且作为生态环境的监管者，在一定情形下也担负着公共利益代表的角色，进而成为生态补偿的受偿主体。企业、公众也根据相关利益的获取及损失被分为补偿主体和受偿主体。南水北调中线工程水源地及干渠两侧的企业、公众为保障受水区的饮水质量，在生态环境保护过程中由于相关利益受到损失而成为生态补偿的受偿主体。而因南水北调中线工程调配的水资源而获利的受水区政府、企业就成为生态补偿主体。

由此可见，南水北调中线工程沿线生态补偿概念内涵与当前学界对生态补偿的定义具有较大程度的一致性的同时，其作为人工水利工程具有的跨流域性、跨行政区域性等属性又体现出一定的独特性。因此，结合我国南水北调中线工程的工程属性和具体实践，南水北调中线工程沿线生态补偿的内涵界定要把握以下两点。一是准确把握南水北调中线工程沿线生态补偿的目标定位。南水北调中线工程建设的目的是保障一渠清水向北流，保证工程的生态安全、水质安全应当是南水北调中线工程沿线生态补偿的首要目标。二是明确国家作为主要补偿主体的多元补偿模式。南水北调中线工程作为大型跨流域调水工程，是国家优化水资源配置的重要举措，是“全国一盘棋”的国家作为，而不同于自然流域的上下游地理格局。因此，南水北调中线工程沿线生态补偿也应当由国家主导，通过多种手段全面布局安排。

二、南水北调中线工程沿线生态补偿的目标定位

为保障工程水源地和干渠的水质安全，当前南水北调中线工程沿线的政府、企业、公众等主体在进行生态环境保护工作时，其自身相关利益在受到损失的同时也难以获得有效补偿。构建南水北调中线工程沿线的生态补偿制度体系，不仅是保障工程沿线企业、居民等多主体合法利益的必要路径，而且也能使地方政府对工程沿线生态环境的监管活动更为有效，进而实现南水北调中线工程沿线生态环境、经济发展、水质安全的协同保障。结合当前生态补偿理论的研究基础以及南水北调中线工程沿线

生态补偿工作的实际，促进环境正义、协调各主体环境利益、实现区域经济发展与沿线生态保护相协调是南水北调中线工程沿线生态补偿制度体系的目标取向。

（一）贯彻环境正义理念

“环境问题若不与社会正义联系起来，就不会得到有效的解决。”[①]环境正义强调不同人群间文化、地区、血统、收入的公平与正义原则，并将其作为实现可持续发展、社会公平与环境整合的主要手段，主张大众享有社会资源的公平性、永续性，其中每个人、每个社会群体都有平等享用干净的土地、空气、水与其他自然环境的权利。同时，环境正义以社会关怀为取向，重视环境损益的公平分配，甚至以此作为其价值的核心关怀。环境正义也重视自然环境与资源的保育。[②] 南水北调中线工程沿线生态补偿制度体系的构建，不仅体现了水源地及干渠两侧相关主体与受水区的受益主体公平地享有使用自然资源的权利，即国家及受益者在使用资源的同时对在此过程中的利益受损主体进行补偿，而且使得生态补偿机制的运作包括国家对水资源的调控、受益者对利益受损者的补偿、政府补偿方式和标准的界定等活动更具有规范性，进而实现整个南水北调中线工程生态补偿机制在实体性环境正义与程序性环境正义中的协调贯彻。

1. 生态补偿与环境正义的关系

“正义”是一个法律概念，是一个根据法律享有的与权利相关联的概念。[③] 环境正义是对罗尔斯“正义原则”的运用，它包含以下几层意思：第一，环境正义是作为公平的正义，它包括了环境的代内公平、代际公平和权利公平；第二，环境正义的核心是公平地分配环境成本和费用；第三，环境正义体现了发展权和发展机会的均等；第四，环境正义必须体现差别对待原则，优先考虑最不利地区和成员的利益问题，如贫困地区和贫困人口

---

① ROBERT D B. Environmental Racism and the Environmental Justice Movement// Merchant C. Sociology: Key Concept in Critical Theory[M]. New Jersey: Humanities Press, 1994: 254.

② 杜建勋.环境正义：环境法学的范式转移[J].北方法学，2012(6)：115-126.

③ 马克思，恩格斯.马克思选集(第三卷)[M].中共中央马克思恩格斯列宁斯大林著作编译局，译.北京：人民出版社，1995：211.

的利益问题。[①] 而生态补偿则主要从以下两方面体现对环境正义的贯彻：

一方面，生态补偿体现了社会主体对自然资源的公平使用权。在南水北调中线工程的水源地及干渠两侧建设之初，沿岸各利益主体尤其是社会主体利用本地自然资源进行了养殖、畜牧、农耕、工程建设等多种生产活动，而随着南水北调中线工程的建设施工和投入使用，北方受水区为利用输水区丰富的水资源，通过人工水利工程对水资源进行调控。在此过程中，受水区通过对水资源的调控获得了自然资源使用权，同时为保障受水区对水资源的有效利用，即保障水源区和水资源流经地区的良好生态环境，避免水资源受污染，输水区及工程沿线各主体不仅原有的自然资源使用权被影响甚至取消，而且出现了包括政府在内的财政投入增加、公众原有生活方式被迫转变、企业面临关闭或搬迁等问题。由此可见，相关主体因其自然资源使用权减少甚至取消而受到的额外利益损失。因此，南水北调中线工程生态补偿机制对于环境正义的贯彻主要体现在财政转移、政策扶持、技术支援等多种方式上，体现在补偿主体向受偿主体进行多方式补偿，减少甚至弥补受偿主体的相关利益损失上，从而使得全体社会主体在利用自然资源时具有平等、公平的权利，而不是为保障部分主体的自然资源使用权而忽视甚至损害其他主体包括自然资源使用权在内的合法利益。

另一方面，生态补偿还注重对自然生态系统的保护和修复。南水北调中线工程作为典型的跨流域调水工程，人为地改变了水资源的时空分布，在工程建设实施过程中改变了自然条件，威胁甚至破坏了原有生态系统的平衡。尽管生态系统有一定自净和修复能力，但当破坏和改变超出一定限度后，生态环境的修复和治理就要借助人工力量。在这种情况下，跨流域调水生态补偿的部分资金必须用来修复和治理生态环境，生态环境即为客观存在的受偿主体。而跨流域调水生态补偿的根本目的，正是为生态系统修复提供资金保障。[②] 在此过程中生态补偿机制对自然生态系统的修复和补偿首先则是对人的补偿，通过财政、技术、政策等手段使

---

① 张炳淳.生态补偿机制的法律分析[J].河北学刊，2008(1)：172-176.

② 才惠莲.我国跨流域调水生态补偿法律问题的探讨[J].武汉理工大学学报(社会科学版)，2014，27(02)：269-274.

相关主体具有保护生态环境的能力和条件,从而实现对自然生态系统的保护和修复。在南水北调中线工程生态补偿实践中,由于水源地及干渠两侧的相关主体为保障饮用水的安全在前期已经做出了较大的利益牺牲来保护和修复自然生态环境,为了降低这些主体保护生态环境的成本并使此种良性生态环境系统持续运行,生态补偿机制就必须对这些进行生态环境保护的主体进行多方面的有效补偿。

2. 工程沿线生态补偿中环境正义的类型

在南水北调中线工程生态补偿机制下,环境正义则体现在工程水源地及干渠两侧政府、企业、公众因保障水资源质量而投入相关生态环境保护成本之后,沿线既有利益和发展空间都受到了一定损失,而作为工程建设者和水资源调配者的国家以及其他受益主体则应承担一定的补偿责任,从而在体现社会主体平等享用自然资源的同时,实现对自然环境与资源的保育。南水北调中线工程沿线生态补偿体现了对人和自然的双重补偿,即对因开展生态环境保护工作而利益受损的主体进行补偿的同时,实现对自然生态系统的保护和修复。虽然目前学界的部分论著在对环境正义进行类别区分时习惯把环境正义看作是公平的正义,即包括代内公平、代际公平、权利公平等。但是,我们在对南水北调中线工程沿线生态补偿中体现的环境正义类型进行分析时,可结合当前理论基础与实践经验把环境正义类别划为分配正义和参与正义两个主要方面。

环境分配正义是人和人、人和自然和谐发展的伦理基础,它追求环境资源分配的公正性,强调各主体间公平地共享环境的收益、共担环境的风险,其主要包括代内分配正义、代际分配正义、种际分配正义三个主要维度。[①] 而在南水北调中线工程沿线生态补偿实践中,环境分配正义则主要体现在国家、受水区主体、水源地及干渠两侧主体三种主体之间的关系方面。宪法规定,国家作为自然资源的使用者和管理者,根据国民经济发展总体需求和规划构建人工水利工程,以实现自然资源在国内的合理分配和使用。在此过程中,虽然在自然资源调控层面国家基于国民经济持续

① 刘晶.环境正义视域下的我国森林生态补偿问题探析[J].北京林业大学学报(社会科学版),2017(2):8-13.

发展的考量实现了资源分配正义，但由于自然资源与人类生活的密不可分性，不仅南水北调中线工程的水源区和干渠两侧原有生产生活所依赖的自然生态系统被影响，而且为了保障饮用水的安全还需要通过多种方式有时甚至损失利益来保障工程沿线的生态环境。这也反映出国家在水资源调控过程中明显的分配非正义性。因此，工程沿线的生态补偿则是强调国家在调控自然资源过程中承担起减少乃至消弭此种分配非正义性的主要责任，同时作为在分配过程中相对于利益受损主体享有明显额外收益的受益主体，也应当根据分配正义的原则通过多种方式对利益受损主体进行补偿。

在参与正义方面，政府、企业、社会组织和个人都应具备环境正义的品格，环境正义是减少环境危机和环境非正义现象的内在价值伦理取向。生态补偿的建设是依靠整个社会的力量来完成的，需要整个社会的共同参与。因此，社会公众一方面在道德上应该树立正义信念，培养生态意识；另一方面也应积极培育各类环保公益团体或组织，充分发挥其在扩大生态环保宣传教育、促进环境保护事务的公共参与等方面的功能，自下而上地推进环境正义的价值诉求。[①] 南水北调中线工程沿线生态补偿对于环境正义的体现不仅在于要求政府、企业、公众自觉树立环境正义意识，而且要求工程沿线各主体的直接利益相关者应当参与生态补偿具体工作，包括生态补偿制度的制定和实施、利益诉求表达等程序性权利。因此，在此过程中的参与正义也就是通常学界所论述的程序正义。程序正义也被称作是“看得见的正义”，是来源于英美法系国家的一种法律传统，它被认为具有独立于实体正义的自身价值。程序正义相对于实体正义而言，它强调追求实体结果过程中的正义，体现为通过平等适用程序性法律规范来实现各主体在追求实体结果过程中的各种权利。[②] 随着我国《环境保护法》首次明确公众参与原则以及《环境保护公众参与办法》的出台，公众参与环境保护的程序性权利也逐渐被法律所承认和保障。因此，保障

① 朱力，龙永红.中国环境正义问题的凸显与调控[J].南京大学学报(哲学·人文科学·社会科学版)，2012(1)：48-54.

② 秦天宝.程序正义：公众环境权益保障新理念——《环境保护公众参与办法》解读[J].环境保护，2015(20)：12-14.

利益相关主体尤其是社会主体参与南水北调中线工程生态补偿工作，不仅是现行环境法律体系的规范性要求，而且在此过程中相关利益主体参与生态补偿的具体工作并充分表达其利益诉求，也是对南水北调中线工程生态补偿中分配正义要求的有效保障。

（二）平衡工程沿线生态补偿主体间的利益关系

正如上文所述，南水北调中线工程沿线生态补偿在贯彻环境正义中注重各主体使用自然资源过程的公平和正义，而其中各主体环境利益的获取及损失则成为环境正义的重要内容。因此，南水北调中线工程沿线生态补偿制度体系的构建也应把平衡工程沿线主体利益关系作为重要的目标取向。与此同时，学界也有观点认为南水北调中线工程对政府、企业、公众环境利益的影响主要体现在以下几方面：首先，在企业环境利益方面，不仅生态功能保护区企业特别是核心区内的企业面临搬迁、改建、修建污染处理设施等问题，而且水源保护区内的企业也将面临更为严格的环境保护标准，这使得企业不得不增加对环境保护工作的投入成本，进而从两个方面增加了企业运行成本；其次，在公众环境利益方面，主要体现在对农业生产的影响，水源保护区建设要求农业发展走生态农业、有机农业的道路，这就要求传统农业必须在较短时间内升级，这对农业生产技术和成本的要求将大大提高，也进一步增加了水源地及干渠两侧农村居民的生产生活成本；最后，在政府环境利益方面，由于水源保护区的生态环境保护需要相关地方政府投入大量的资金，在中央财政难以完全支持相关财政投入时，地方政府或将面临资金短缺的困难。同时，由于水源地对生态环境保护的要求，部分区域成为永久的生态环境保护区，加之该地生态环境保护要求指标的提升，使得本地政府在招商引资方面也面临较多困难，进而影响了本地总体的经济发展。① 结合南水北调中线工程沿线生态补偿实践，其主体间的利益关系主要包括了政府内部间利益关系、政府与公众之间的关系、政府与企业之间的关系，即行政主体内部之间、行政主体与社会主体之间两对主要利益关系类型。

① 顾岗，陆根法，蔡邦成.南水北调东线水源地保护区建设的区际生态补偿研究[J].生态经济，2006(2)：49-50.

1. 行政主体内部之间利益关系

国家行使环境保护监管责任的理论分析主要是由美国密执安大学的萨克斯教授在“环境公共财产委托论”中提出。在萨克斯看来，由于空气、水、阳光等环境要素受到严重破坏，就不应再视这些环境要素为“自由财产”，而且因其自然属性和对人类的不可或缺性，这些环境要素应成为全体国民的公共财产，并且由公民作为共有人来委托国家进行管理。[①] 同时，根据我国《宪法》《环境保护法》等相关法律规范的规定，国家不仅是水、土壤、森林等自然资源的所有者，而且也是这些自然生态资源的管理者和保护者。尤其是《环境保护法》第六条“地方各级人民政府应当对本行政区域的环境质量负责”的内容明确了地方各级人民政府的环境保护责任之后，环境保护作为政府行政任务的重要地位逐步强化。在南水北调中线工程沿线生态补偿实践中，政府内部间利益关系的主要问题体现在下级政府基于本地经济发展考量而可能出现的“变通式行政”现象。

长期以来，我国环境治理领域一直采用科层制的治理模式。科层制属于一种特定的组织形态，根据“组织理论之父”韦伯的看法，组织的根本性特征就在于体现出了一种独特的“命令—服从”关系。换言之，即一种支配者与其机器的关系，这两者的支配结构有其特有的分配命令权力的方式。科层制的治理模式往往强调了权威化治理，即要求在科层组织系统内部，为了有效地实现其组织目标，必须存在一个等级制的权威结构及其相应的规则体系。也就是说，权威的真正概念暗含了一定的层级观念，如果不存在这种自上而下、不同层级间的“命令—服从”关系，任何科层化组织都无法生存。[②] 为保障南水北调中线工程水源地及干渠两侧饮用水安全，国家对工程沿线地方政府提出了明确环境保护的要求，即在科层制的治理体系中上级对下级发布了相关命令，并要求下级的服从。科层制治理模式的核心在于国家并不直接参与治理，而是通过命令或者任务分包的形式对地方各级政府施加治理任务，在此过程中地方政府对命令或任务的执行程度决定了国家治理目标的实现情况。

---

① 郑少华.生态主义法哲学[M].北京：法律出版社，2002：86.

② 丁轶.反科层制治理：国家治理的中国经验[J].学术界，2016(11)：26-41.

然而，南水北调中线工程的建设和运行，不仅要求水源地及干渠两侧保护区内的企业、养殖场等生产组织予以关闭或搬迁，而且当地为实现工程生态环境保护要求而划定的水源保护区的环境保护标准也随之提升。这不仅直接影响了地方政府的财政收入，而且也在很大程度上限制了本地企业的发展和外地企业投资的空间。因此，虽然当前我国科层制治理体系中的相关政策仍能获得较大程度的贯彻落实，但是当地方政府在进行国家南水北调中线工程有关环境保护工作时，如果地方政府在此过程中面临的经济发展、民生改善等问题缺乏完善的生态补偿机制保障，即行政主体内部利益关系难以协调，那么就有可能出现地方政府基于本地经济发展利益的考虑在贯彻国家相关政策时出现“变通式行政”现象。

2. 行政主体与社会主体之间利益关系

国家作为南水北调中线工程沿线生态补偿的重要责任主体，在生态补偿具体实践中与作为利益相关者的社会主体也存在着密切的利益关系。利益相关者这一概念最早由1932年哈佛大学教授多德进行表述，即“企业财产的运用是深受公共利益影响的，除股东利益外，企业受到外部的压力，同时承受其他利益相关者的利益，企业管理者应建立对雇员、消费者和广大农民的社会责任观，也就是公司控制权要以实现股东利益和社会利益为目标”。弗里曼在《战略管理：利益相关者方法》一书中提出：“利益相关者是能够影响一个组织目标的实现，或者受到一个组织实现其目标过程影响的所有个人和群体。”①在南水北调中线工程沿线生态补偿的具体实践中，利益相关者主要包括了水源地及干渠两侧的公众、企业两类主体。

在政府与公众利益关系方面，长期以来，我国在解决生态保护问题方面一直沿用行政命令的思维方式和方法，即在水源地等生态保护区利用行政手段强令地方政府和居民进行水源保护。一方面，水源地保护外部效应显著，政府强力推导；另一方面，保护者必须牺牲个体和地方的利益，损失他们的发展权。作为系统的保护者，在为社会做出牺牲的同时，如果其受损利益得不到有效补偿和填补，不仅不利于实现生态环境保护的公

① 弗里曼.战略管理：利益相关者方法[M].王彦华，梁豪，译.上海：上海译文出版社，2006：32.

平正义，而且也难以使这些利益受损者实现保护沿线生态环境的持续性、常态性。[①] 由此可见，在南水北调中线工程沿线建设施工和运行过程中，政府与公众亟待协调的利益关系主要体现在两个方面。一方面，政府在贯彻执行国家南水北调中线工程环境保护政策要求时，对沿线公众利益造成的损失，包括关闭搬迁养殖场、沿线村庄迁移、农业用地征用等，难以给予及时有效的补偿。另一方面，在工程施工和运行过程中，政府相关政策的制定具有隐蔽性和孤立性，这是由政府行政命令的思维方式和方法决定的；在政策执行过程中，政府相关政策又具有明显的手段强制性和主体单一性。这两方面均使得作为利益相关者的公众难以直接参与到相关政策的制定和实施过程中，难以充分表达自身利益诉求，进而在造成自身利益损失的同时对政府的相关政策贯彻执行活动产生抵触甚至反抗。

在政府与企业利益关系方面，由于南水北调中线工程的建设施工和生态环境保护的要求，水源地及干渠两侧保护区内的企业被迫关闭搬迁或者根据相关要求进行生产结构调整。企业生产经营的利益损失如果得不到有效补偿，不仅会使企业对政府的信任度下降，而且也难免会出现部分企业为维护自身利益做出相关违法行为。在此过程中，政府与企业的利益关系和政府与公众的利益关系有着相似之处，都是政府在贯彻南水北调中线工程有关生态环境保护政策要求时，政府与利益相关者存在的政策贯彻与利益补偿之间的关系。此外，由于国家对于南水北调中线工程沿线生态环境保护的政策要求必须依靠地方各级政府具体执行，而这些政策的执行又会导致本地企业发展空间和投资环境受限，也难免会影响地方经济的发展。地方政府基于本地经济发展、民生改善等因素，希望国家层面能对本地企业生产经营利益予以考虑和保障，尤其是在生态补偿方面对本地企业予以财政转移、政策扶持等方面的支持，此时地方政府在一定程度上与企业有着较为一致的利益取向。所以，在南水北调中线工程沿线生态补偿机制构建过程中，政府与企业之间的利益关系，不仅包括地方政府为了保障水源地及干渠两侧饮用水安全，在贯彻国家环境保护政策要求时与地方企业的生产经营具有一定的冲突利益关系，而且也

① 朱桂香.略论南水北调中线水源区生态补偿机制的建立[J].生态经济，2009(9)：171-174.

包括地方政府基于促进本地经济发展的需要，在生态补偿机制下与地方企业之间具有的协同性利益关系。

（三）促进区域社会经济发展与沿线生态保护相协调

生态补偿机制是根据生态保护成本、生态系统服务价值和发展机会成本，通过政府和市场手段，协调生态保护利益相关者之间利益关系的公共制度，其目的在于协调经济发展和生态环境保护之间的关系，实现可持续发展和资源的可持续利用。南水北调中线工程水源地及干渠沿线地区迫切需要有效的生态补偿机制来缓解生态保护和经济发展的压力、提供长久的保护动力机制、实现可持续发展。① 南水北调中线工程建设初衷在于缓解北方缺水区如北京、天津及沿线各地区用水问题，结合当前工程运行实际情况可知，南水北调中线工程在有效缓解北方缺水区及沿线地区用水问题的同时，还在多方面促进了沿线区域的经济发展、民生改善、环境保护等工作。在此背景下，建设干渠两岸的生态廊道（生态廊道是景观元素之一，亦是生态流的通道，具有连通景观格局的作用。生态廊道具有防止水土流失、保护水资源、促进生物要素运动、维持生物多样性、维护景观格局安全、改善景观与环境质量等生态服务功能）②造成的利益损失现状，反映了当前在南水北调中线工程沿线工程建设、经济发展、生态环境保护之间在协调方面仍存在一定问题，而促进区域经济发展与沿线生态保护相协调也应当是构建南水北调中线工程沿线生态补偿制度体系的目标取向。

1. 生态环境保护对工程运行的保障

最佳的环境保护措施就是在环境危害还没有发生，而有发生之虞的时候，甚至是仅有预见可能性时，其危害就已经被排除或使之不存在。环境计划则要求用一个理性的体系来实现一个预期的目标，其目的是希望环境损害不要突然发生，且并非针对某个环境问题来提供个别的预防措施，而是对环境空间进行整体性的考量及规划。在环境计划中必须对所有相关事项，包括现在及未来的状态加以考量。③ 作为我国水资源调控工

---

① 李雪松，李婷婷.南水北调中线工程水源地市场化生态补偿机制研究[J].长江流域资源与环境，2014(11)：66-72.

② 郑好，高吉喜，谢高地，等.生态廊道[J].生态与农村环境学报，2019(2)：137-144.

③ 陈慈阳.环境法总论[M].北京：中国政法大学出版社，2003：212.

程，为保障饮用水安全，南水北调中线工程对水源地及干渠两侧的生态环境保护有着更高的要求。在此背景下，水源地及干渠两侧相关主体的生态环境保护工作不仅体现了环境保护预防原则的贯彻，而且也体现了通过制定周全的环境计划来实现对工程饮用水质量的保障。

预防原则最大限度地体现了法律的公平与效率相结合。一方面，如果环境问题不以预防为主，而是造成污染后再去治理，往往比采取预防措施的代价高，这不符合市场经济的基本要求，并且法律的公平与效率价值也不一致；另一方面，由于造成环境污染和破坏的原因是多方面的，如果对环境问题不进行综合治理，而是各地区、各部门、各单位孤军作战，各自为政，这既增大了环境治理的成本，也难以达到很好的治理效果，同时降低了环境法律效力。因此，贯彻预防原则有利于实现经济效益、社会效益和环境效益的统一，实现法律调整公平与效率的统一。[①] 在南水北调中线工程水源地及沿线生态环境保护实践中，预防原则的贯彻具体体现为地方政府在根据国家要求划定了一级、二级水源保护区的同时，还通过生态防护林建设、垃圾污水处理设施建设、养殖业关停取缔等方式来实现对水源区及干渠两侧生态环境的提前保护，以预防水污染的发生。

以河南省南阳市为例，南阳市不仅是南水北调中线工程的总干渠穿越地，而且也是工程的水源地。根据南阳市南水北调办提供的数据，南水北调中线工程南阳段总干渠约占河南段1/4、中线全程的1/7，干渠平均宽度135米，水深7.5～8.5米。而境内丹江口水库水源区面积6 362平方千米，占河南省水源区总面积的81%。为保障境内的生态环境，南阳市除了在全市范围内加强内河整治、工业点源污染治理，不仅采取关停企业，关闭、搬迁禽畜养殖场，取缔库区养鱼网箱，建设垃圾、污水处理场(厂)等方式，而且还在干渠沿线率先打造了两侧各100米宽的生态防护林带并造林3.6万亩，同时在水源地库区和干渠沿线常设护水队和护林员，有效保障了水源地及干渠两侧的生态环境。可见，南水北调中线工程水源区及干渠两侧的生态环境保护工作对于工程水质的保障，直接影响着工程的效能发挥。所以，构建南水北调中线工程沿线生态补偿机制的目标取

① 秦天宝.环境法——制度·学说·案例[M].武汉：武汉大学出版社，2013：50-54.

向，不仅是对沿线各主体利益损失的有效补偿，而且也是通过生态环境保护来保障工程顺利运行的关键因素。

2. 工程运行对区域经济发展的促进

在工程运行对区域经济发展的促进方面，生态补偿制度体系的价值则主要体现在对于环境基本法协调原则的贯彻。环境保护协调原则较早明确于1981年国务院发布的《关于在国民经济调整时期加强环境保护工作的决定》（以下简称《决定》）中，《决定》特别规定了各级人民政府制订国民经济和社会发展计划时，必须把保护环境和自然资源作为综合平衡的重要内容。在1983年举行的第二次全国环境保护会议上，环境保护首次被确认为我国基本国策。此次大会还提出了经济建设、城乡建设、环境建设“三步走”的策略，即同步规划、同步建设、同步发展，以达到经济效益、社会效益、环境效益的统一。[①] 党的十八大以来，“五位一体”“五大发展”理念不断深入人心，生态优先、绿色发展成为我国社会经济发展的主基调。

虽然南水北调中线工程的施工和运行造成多主体利益损失，但是其在经济发展方面仍然对水源地及干渠两侧的区域经济发展有着积极的推动作用。一方面，在此基础上构建的生态补偿制度体系则可在一定程度上补偿各主体因生态环境保护所受的利益损失；另一方面，工程的运行也能促进区域进行产业转型升级，根据地方实际情况，构建经济、社会、环境保护三者协调发展模式。

第三节　南水北调中线工程沿线生态补偿制度创新发展

南水北调中线工程因其特殊性，相较自然流域生态补偿、森林及草原等自然要素生态补偿而言，南水北调中线工程沿线生态补偿对我国生态补偿理论与实践的发展提供了重要补充。

① 罗典荣.环境法导论[M].北京：中国政法大学出版社，1988：64.

一、明确生态补偿制度的价值定位

长期以来，对于生态补偿制度价值目标的定位是对人的补偿、对生态的补偿、还是既对人补偿又对生态补偿这一问题理论与实践一直没有形成共识。南水北调中线工程的直接目标是给京津地区及沿线区域提供优质水源，同时提高华北地区地下水位，改善生态系统状况。因此，南水北调中线工程水质保护和生态安全是南水北调中线工程良性运行的基础和前提。鉴于此，南水北调中线工程的生态补偿在实现平衡沿线各利益主体相关利益的同时，必须强调生态补偿的生态保护价值目标。否则，南水北调中线工程生态补偿就失去了其实施的意义，这也是南水北调中线工程生态补偿与其他不同类型的生态补偿的根本不同之处。

以自然流域类型的生态补偿为例，其制度目标虽然也是生态保护，但鉴于自然流域天然形成的自然地理格局，上下游共处于流域共同体当中，流域上游地区有义务为了流域生态系统安全履行生态保护的责任，下游地区则需要对上游地区履行义务的成本付出对价进行补偿。南水北调中线工程是人工水利工程，国家为了优化水资源配置而人为地赋予上游水源区及沿线各地区一系列的权利限制和义务附加。因此，南水北调中线工程沿线生态补偿与自然流域生态补偿具有不同的正当性基础，其价值定位更加全面，更强调生态保护的前提和基础。鉴于此，南水北调中线工程沿线生态补偿制度规范必须尊重工程自身所形成的生态系统结构和功能特征，正视工程与水源区、受水区及沿线区域自然、社会、经济、生态系统的交互影响，与沿线生态系统保护进行统筹考虑、统一规划，进行综合系统补偿，以推进工程的生态系统保护。

二、拓展生态补偿、范围和方式

南水北调中线工程牵涉利益主体众多，既有水源区居民、企业工厂、当地政府，又有受水区的用水户。南水北调中线工程实施后，农村移民、城镇群体、远迁或关闭的工业企业、水源区农民、水源区工业企业、水源区与汉江中下游社会群体利益将受到不同程度的损失，而用水户利益得到提升。因此，南水北调中线工程沿线生态补偿的对象是以上利益受损失的主体，即：农村移民、城镇群体、远迁或关闭的工业企业、水源区农民、水源区工业企业、水源区与汉江中下游社会群体等众多主体。

根据南水北调工程在实践中的运行状况，其在实现我国水资源合理配置的同时，也在受水区、输水干渠沿线和水源区之间形成了区域生态系统，有其独特的生态系统结构和功能特征。南水北调工程作为世界上最大的远距离、跨流域调水工程，对其生态安全的维护已成为社会各界的共识。南水北调中线工程，不仅要对各利益主体进行补偿，还应把维护生态安全本身的资金纳入其中，为水源区水质保护提供资金支持。因此，南水北调中线工程沿线生态补偿的范围，不仅包括对调水区因生态建设恢复进行的补偿，以及对因资源环境、生态保护丧失发展机会的人群进行的补偿，而且还包括对因维护工程沿线生态系统安全进行的补偿。这也充分体现了生态保护优先的理念。

当前，在我国跨流域调水补偿制度的探索基础上，南水北调中线工程沿线生态补偿已经迈出了较快的步伐。在补偿制度实施上，采取了政府补偿、市场补偿等多样化的方式。

三、构建生态补偿长效机制

党的十九大报告指出，要全面建立市场化、多元化的生态补偿机制，并将其列为“加快生态文明体制改革，建设美丽中国”的内容之一。① 目前我国生态补偿制度实践还处于碎片化状态，没有形成系统的长效机制，有关南水北调中线工程生态补偿工作也处于摸索阶段。南水北调中线工程沿线生态补偿机制的建立对于南水北调中线工程水质保障和生态安全具有极大的促进作用，同时也有利于区域社会经济与工程后续高质量发展的协调。南水北调中线工程沿线生态补偿长效机制的建立重点从以下三个方面展开。

一是加强国家对南水北调中线工程生态补偿的顶层设计和统筹规划。南水北调中线工程是国家优化水资源配置的举措，国家要对南水北调中线工程水源区、沿线各区域为工程生态保护和后续高质量发展付出

① 滕加泉，薛银刚.国内外生态补偿机制的对比分析与研究[J].环境科学与管理，2015(12)：159-163.

的成本进行统筹核算和规划。南水北调中线工程沿线的部分地区既是受水区也是生态保障区，对于生态治理和水质保护工作所付出的代价在实践中国家并没有给予专项资金支持，各地只能自己想办法解决问题。有的地方通过将环保、水利专项资金用于工程沿线生态补偿；有的地方通过将市、县（区）资金配套用于工程沿线生态补偿；有的地方只能依靠本级财政予以工程沿线生态补偿。这种情况对于环保标准要求高、经济发展能力受限、地方财力薄弱、前期投入缺口大和后续持续性增支巨大的地区来说，在实施南水北调中线工程沿线生态防护和保障水质安全等工作时略显力不从心。因此，国家应当对南水北调中线工程沿线生态补偿进行顶层设计，分类别划定生态补偿类型，进行专门专项的生态补偿。比如可以探索基于土地资源功能置换的异地补偿机制，在工程沿线省市探索建立生态保护用地和建设用地功能置换补偿机制，发挥生态保护区域居民的积极性。

二是探索建立市场化的生态融资机制。首先建立健全归属清晰、权责明确流转顺畅、保护严格、监管有效的自然资源产权制度，为多元化的生态保护效益补偿机制奠定产权基础。其次，建立生态产品市场交易与生态保护补偿协同推进机制。生态产品市场（如生态补水）交易可以使保护者通过生态产品的市场交易获得生态保护效益的充分补偿。另外，还可以建立生态补偿基金，通过金融机构以及社会资本，采用股权投资方式重点支持工程生态保护。

三是建立多主体区域合作和利益分配机制。从依赖中央财政转向政府、市场、社会多渠道筹集资金；立足工程沿线整体布局，开展联动协作。强化区位功能，最大限度地发挥不同区域资源、环境及区位优势，在区域共建共享、产业融合发展、区域协调推进、联防共治等方面实现创新和深化，建立工程生态保护、生态资源与经济优势有机融合的协作联动机制。

四、完善生态补偿运作规范

虽然我国已有多年的生态补偿实践，但并未实现生态补偿制度化、法律化，迄今仍缺少一项成熟而完备的生态补偿法律制度。此外，我国还未形成专门的生态补偿立法，《关于健全生态保护补偿机制的意见》虽然为国家和地方深化生态补偿机制建设探索提供了纲领，但其属于规章制度范畴,缺少具有普遍指导意义的法律规则来规范生态补偿的运作。南水北调中线工程沿线生态补偿法律制度在建构过程中充分发挥政策、法律等辅助手段的作用,通过出台相关法规明确生态保护补偿的适用范围(领域补偿、区域补偿、横向补偿、市场补偿)、资金来源、相关利益主体的权利义务、监测评价、法律责任等相关要求。随着条件的成熟,生态补偿的基本原则、补偿方式、经费来源、基本标准、基本程序、生态补偿实施效果系统评估和法律责任等也将被一一做出规定,从而固化成功模式和建立长效机制。

第三章 南水北调中线工程沿线生态补偿现状及制度障碍

当前，南水北调中线工程沿线生态补偿的实践主要体现在生态廊道建设、养殖场(户)关闭搬迁补偿以及工业企业关停搬迁补偿等几个方面。从生态补偿实践来看，南水北调工程沿线生态补偿还存在法律法规制度障碍和政策制度障碍。

第一节 南水北调中线工程沿线生态补偿现状

本节首先对南水北调中线工程沿线生态补偿的相关规定进行梳理。考虑到河南省既是水源地又是受水区，同时也是渠道最长、移民最多、占地最多、投资最大、计划用水量最大的省份，本节选取南水北调中线工程(河南段)的具体实施情况作为分析案例，并从制度与实践两个方面阐释南水北调中线工程沿线生态补偿的现状，检视并指出目前南水北调中线工程沿线生态补偿制度所存在的问题，为今后解决相关的制度障碍提供参考。

一、南水北调中线工程沿线生态补偿相关规定

(一) 南水北调中线工程沿线水源区生态补偿有关法律法规

2006 年 7 月，国务院颁发的《大中型水利水电工程建设征地补偿和移民安置条例》第三条规定，“国家实行开发性移民方针，采取前期补偿、补助与后期扶持相结合的办法，使移民生活达到或者超过原有水平。”

2008 年 2 月，全国人大常委会发布了《中华人民共和国水污染防治

法》，其中第七条规定："国家通过财政转移支付等方式，建立健全对位于饮用水水源保护区区域和江河、湖泊、水库上游地区的水环境生态保护补偿机制。"这是我国首次以法律的形式对有关水源保护区生态补偿做出制度规定。

2010 年修订的《中华人民共和国水土保持法》第三十一条规定："国家加强江河源头区、饮用水水源保护区和水源涵养区水土流失的预防和治理工作，多渠道筹集资金，将水土保持生态效益补偿纳入国家建立的生态效益补偿制度。"这从法律上规定了水源保护区的生态补偿可以从多渠道筹集资金，而不只局限于财政转移支付，并且水源保护区水土保持生态效益补偿将纳入国家生态效益补偿制度。

2011 年 1 月，国务院颁布了《中华人民共和国水土保持法实施条例》，其中第五条规定："县级以上人民政府应当将批准的水土保持规划确定的任务，纳入国民经济和社会发展计划，安排专项资金，组织实施，并可以按照有关规定，安排水土流失地区的部分扶贫资金、以工代赈资金和农业发展基金等资金，用于水土保持。"

2013 年 11 月，国务院公布了《畜禽规模养殖污染防治条例》。其中第二十五条规定："因畜牧业发展规划、土地利用总体规划、城乡规划调整以及划定禁止养殖区域，或者因对污染严重的畜禽养殖密集区域进行综合整治，确需关闭或者搬迁现有畜禽养殖场所，致使畜禽养殖者遭受经济损失的，由县级以上地方人民政府依法予以补偿。"

2014 年 2 月，国务院公布实施了《南水北调工程供用水管理条例》。该条例明确了南水北调水量调度、水质保障、用水管理、工程设施管理和保护、法律责任等制度内容，并且对南水北调工程水源地实行水环境生态保护补偿做出了原则性规定。例如，第十九条第三款规定"依照有关法律、行政法规的规定，对南水北调工程水源地实行水环境生态保护补偿。"第二十四条规定"南水北调东线工程调水沿线区域和中线工程水源地县级人民政府应当根据水源保护的需要，划定禁止或者限制采伐、开垦区域。南水北调东线工程调水沿线区域、中线工程水源地、中线工程总干渠沿线区域应当规划种植生态防护林；生态地位重要的水域应当采取建设人工湿地等措施，提高水体自净能力。"第二十六条规定"对因清理水产养殖设施导致转产转业的农民，当地县级以上地方人民政府应当给予补贴和扶持，并通过劳动技能培训、纳入社会保障体系等方式，保障其基本生活。”

2014年修订的《中华人民共和国环境保护法》第三十一条明确规定：“国家建立、健全生态保护补偿制度。国家加大对生态保护地区的财政转移支付力度。有关地方人民政府应当落实生态保护补偿资金，确保其用于生态保护补偿。国家指导受益地区和生态保护地区人民政府通过协商或者按照市场规则进行生态保护补偿。”作为我国环境保护领域的基本法，《中华人民共和国环境保护法》在水源保护区生态补偿资金来源和如何补偿的问题上指出国家要加大对生态保护地区财政转移支付力度，以及在强调有关地方人民政府要落实生态保护补偿资金制度规定的同时，还做出了要通过协商或者按照市场规则进行生态保护补偿的制度规定。

2017年修订的《中华人民共和国水污染防治法》第八条规定：“国家通过财政转移支付等方式，建立健全对位于饮用水水源保护区区域和江河、湖泊、水库上游地区的水环境生态保护补偿机制。”(具体见表3-1)

表3-1 南水北调中线工程沿线水源区生态补偿有关法律法规一览表

政策与法规	颁布机关	颁布时间
水土保持法(修订)	全国人大常委会	2010年12月
环境保护法(修订)	全国人大常委会	2014年4月
水法(修订)	全国人大常委会	2016年7月
水污染防治法	全国人大常委会	2008年6月
大中型水利水电工程建设征地补偿和移民安置条例	国务院	2006年7月
水土保持法实施条例	国务院	2011年1月
畜禽规模养殖污染防治条例	国务院	2013年11月
南水北调工程供用水管理条例	国务院	2014年2月

(二) 南水北调中线工程沿线水源区生态补偿有关政策规定

南水北调水源区生态补偿的建设目前主要是以规范性政策的形式推进。2005年1月，国务院南水北调工程建设委员会颁布了《南水北调工程建设征地补偿和移民安置暂行办法》(国调委发〔2005〕1 号)。该办法规定,南水北调工程建设征地要按照前期补偿、补助与后期扶持相结合的原则妥善安置移民,并对移民安置规划、征地补偿的程序和标准、管理体制等做出了具体要求。

2005 年 6 月,国务院南水北调办《关于印发南水北调工程建设征地补偿和移民安置资金管理办法(试行)的通知》(国调办经财〔2005〕39 号)提出要规范南水北调工程建设征地补偿和移民安置资金管理,提高资金使用效率,保障移民合法权益,确保南水北调工程建设顺利实施,强调年度征地移民投资计划的编制要依据经批准的征地移民规划及投资概算、移民安置实施方案和南水北调工程项目开工及建设进度的要求,并将其纳入南水北调工程建设年度投资计划。

为了规范监测与评估南水北调工程建设移民安置工作的效果,准确掌握移民生产生活情况,国务院南水北调办于 2005 年 8 月发布了《南水北调工程建设征地补偿和移民安置监测暂行办法》(国调办环移〔2005〕58 号)。

2006 年 2 月,《国务院关于丹江口库区及上游水污染防治和水土保持规划的批复》(国函〔2006〕10 号)(以下简称《批复》)原则同意了国家发展改革委、水利部、国家环境保护总局①和南水北调办等有关部门报送的《丹江口库区及上游水污染防治和水土保持规划》(以下简称《规划》),为丹江口库区及上游水污染防治和水土保持提供了重要依据。同时,《批复》还提出了以下几点要求:第一,要求河南、湖北、陕西三省人民政府和国务院有关部门要加强对《规划》实施的领导和协调,建立联席会议制度,制定和完善水源地保护政策与法规,建立健全生态环境监控体系;第二,明确提出河南、湖北、陕西省人民政府是《规划》实施的责任主体,《规划》内容应当纳入地方"十一五"国民经济和社会发展规划,制定实施计划时,应当结合本地实际情况,逐级落实防治目标和任务;第三,要建立多元化投融资体制,不断拓宽投资渠道,中央和地方财政补助应及时到

① 2008 年 3 月 15 日,十一届全国人大一次会议通过关于国务院机构改革方案的决定,组建中华人民共和国环境保护部,不再保留国家环境保护总局。

位,并充分利用市场机制吸纳社会资金和银行贷款;第四,强调地方各级人民政府要积极推进污水、垃圾处理产业化,在投资、价格和税收等方面给予政策支持。

2006 年 12 月,国务院南水北调办、国家环境保护总局、水利部、自然资源部联合颁布了《关于划定南水北调中线一期工程总干渠两侧水源保护区工作的通知》(国调办环移〔2006〕134 号),对南水北调中线一期工程总干渠两侧水源保护区的划分方法进行了规定,并对干渠两侧水源保护区内的建设项目和其他开发项目进行了严格的限制。

2010 年 3 月,国务院南水北调办发布了《南水北调干线工程征迁安置验收办法》(国调办征地〔2010〕19 号),对征迁安置验收程序、政策依据等内容进行了规定。

征地移民档案工作是南水北调工程建设的基础性工作,也是南水北调工程征地移民工作的重要组成部分。为此,国务院南水北调办、国家档案局于 2010 年 4 月 30 日联合印发《南水北调工程征地移民档案管理办法》(国调办征地〔2010〕57 号),以便规范南水北调工程征地补偿和移民安置档案管理,维护征地移民档案的完整、准确、系统和安全,充分发挥征地移民档案的作用。

根据国调办环移〔2006〕134 号文件精神,河南省人民政府办公厅于 2010 年 6 月颁布了《南水北调中线一期工程总干渠(河南段)两侧水源保护区划定方案》(豫政办〔2010〕76 号),对水源保护区的范围进行了划定。划定的标准如下:

(一)非明渠段(隧洞、渡槽、暗渠等)。一级保护区范围自建筑物外边线(防护栏网)向两侧各外延 50 米;二级水源保护区范围自一级保护区边线向两侧各外延 150 米。(二)明渠段。根据地下水位与总干渠渠底高程的关系及地下水内排、外排等情况,分为以下几种类型:1.设计地下水位低于渠底。一级保护区范围自渠道管理范围边线(防护栏网)向两侧各外延 50 米;二级保护区范围自一级保护区边线向两侧外延1 000 米。2.设计地下水位高于渠底地下水外排段。一级保护区范围自渠道管理范围边线(防护栏网)向两侧外延 100 米;二级保护区范围自渠道管理范围边线(防护栏网)向左、右侧分别外延 2 000 米、1 500 米。3.设计地下水位高于渠底地下水内排段。一级保护区范围自渠道管理范围边线(防护栏网)向两侧外延200米;二级保护区范围自渠道管理范围边线(防护栏网)向左、右两侧分别外延3 000米、2 500米。

该方案还规定,一级保护区内禁止建设任何与中线总干渠水工程无关的项目;二级保护区内禁止新建、扩建污染较重的废水排污口,禁止新建、扩建污染重的化工、电镀、皮革加工、造纸、印染、生物发酵、选矿、冶炼、炼焦、炼油和规模化禽畜养殖以及其他污染重的建设项目。

2012年6月,国务院(国函〔2012〕50号)文件批复同意了国家发展改革委、国务院南水北调办、水利部、环境保护部、住房和城乡建设部和河南、湖北、陕西三省编制的《丹江口库区及上游水污染防治和水土保持"十二五"规划》。该文件强调,水污染治理和水土保持是南水北调工程成败的关键,保护好丹江口水库水质、持续改善库区及上游地区的生态环境,对南水北调中线工程的顺利实施以及区域经济社会可持续发展具有十分重要的意义;有关部门和地方要加强组织协调,健全工作机制,落实工作责任,加大资金投入,严格项目管理,建立监测网络,强化环保监管,确保规划各项目标的实现。

2013年7月,国务院南水北调办、国家发展改革委、环境保护部、住房和城乡建设部、水利部联合颁布了《丹江口库区及上游水污染防治和水土保持"十二五"规划实施考核办法》。其中第二条规定:"河南、湖北和陕西三省人民政府是实施丹江口库区及上游水污染防治和水土保持工作的责任主体,对此项工作负总责。水源区各级地方政府对本辖区内的项目实施和水质目标负责。"该办法旨在加快实施丹江口库区及上游水污染防治和水土保持"十二五"规划,进一步明确水污染防治和水土保持工作责任,实现南水北调中线工程调水水质目标。

2013年11月,《中共中央关于全面深化改革若干重大问题的决定》明确提出要加快生态文明制度建设,实行资源有偿使用制度和生态补偿制度。2017年6月,国家发展改革委、南水北调办、水利部、环境保护部、住房和城乡建设部联合印发了《丹江口库区及上游水污染防治和水土保持"十三五"规划》。该规划以中线水源区总体水质进一步改善,丹江口水库营养水平得到控制,水源涵养能力进一步增强,节水型社会建设初见成效，水环境监测、预警与应急能力得到提升，经济社会发展与水源保护协调性增强等为2020年阶段目标。

2020年4月，财政部、生态环境部、水利部、国家林草局联合发布《支持引导黄河全流域建立横向生态补偿机制试点实施方案》。该方案提出，在2020—2022年开展试点，探索建立黄河流域生态补偿标准核算体系。试点期间，中央财政专门安排黄河全流域横向生态补偿激励政策，围绕促进流域生态环境质量持续改善和推进水资源节约集约利用两个核心，支持引导各地区加快建立横向生态补偿机制，对良好生态产品贡献大、水质改善突出、节水效率高、资金使用绩效好、补偿机制建设全面系统和进展快的省（区）给予资金激励；对推进机制建设不力的省（区），从试点第二、三年逐步扣减补偿资金，并将扣减的资金用于奖励先进地区。（具体见表3-2）

表3-2　南水北调中线工程沿线水源区生态补偿有关政策规定一览表

政策规定	颁布机关	颁布时间
林业经济体制改革总体纲要	国家体制改革委员会、林业部	1995年8月
关于保护森林资源制止毁林开垦和乱占林地的通知	国务院	1998年8月
关于灾后重建、整治江湖、兴修水利的若干意见	中共中央、国务院	1998年10月
森林植被恢复费征收使用管理暂行办法	财政部、国家林业和草原局	2002年10月
关于加快林业发展的决定	中共中央、国务院	2003年6月
南水北调工程建设征地补偿和移民安置暂行办法	国务院南水北调工程建设委员会	2005年1月
南水北调工程建设征地补偿和移民安置资金管理办法（试行）	国务院南水北调办	2005年6月
南水北调工程移民安置监测暂行办法	国务院南水北调办	2005年8月
丹江口库区及上游水污染防治和水土保持规划	国家发展改革委、国务院南水北调办等	2006年2月

（续表）

政策规定	颁布机关	颁布时间
国务院关于丹江口库区及上游水污染防治和水土保持规划的批复	国务院	2006 年 2 月
大中型水利水电工程建设征地补偿和移民安置条例	国务院	2006 年 9 月
关于划定南水北调中线一期工程总干渠两侧水源保护区工作的通知	国务院南水北调办、原国家环保总局、水利部、自然资源部	2006 年 12 月
关于全面推进集体林权制度改革的意见	中共中央国务院	2008 年 6 月
育林基金征收使用管理办法	财政部、国家林业和草原局	2009 年 5 月
中央财政森林生态效益补偿基金管理办法	财政部、国家林业和草原局	2009 年 11 月
大中型水利水电工程移民安置前期工作管理暂行办法	水利部	2010 年 1 月
南水北调干线工程征迁安置验收办法	国务院南水北调办	2010 年 3 月
南水北调工程征地移民档案管理办法	国务院南水北调办、国家档案局	2010 年 4 月
丹江口库区及上游水污染防治和水土保持“十二五”规划	国家发展改革委、国务院南水北调办等	2012 年 6 月
中央财政林业补贴资金管理办法	财政部、国家林业和草原局	2012 年 12 月
国家级公益林管理办法	国家林业和草原局财政部	2013 年 4 月
丹江口库区及上游水污染防治和水土保持“十二五”规划实施考核办法	国务院南水北调办、国家发展改革委、环境保护部、住房和城乡建设部、水利部	2013 年 7 月
中共中央关于全面深化改革若干重大问题的决定	中共中央	2013 年 11 月
南水北调工程中线一期工程干线生态带建设规划	国务院南水北调办	2014 年 5 月

（续表）

政策规定	颁布机关	颁布时间
生态文明体制改革总体方案	国务院	2015 年 9 月
关于健全生态保护补偿机制的意见	国务院	2016 年 5 月
丹江口库区及上游水污染防治和水土保持“十三五”规划	国务院发展改革委、国务院南水北调办等	2017 年 6 月
支持引导黄河全流域建立横向生态补偿机制试点实施方案	财政部、生态环境部、水利部、国家林草局	2020 年 4 月
中央 1 号文件	中共中央、国务院	2009—2020 年

二、南水北调中线工程沿线生态补偿实践

有关南水北调中线工程沿线生态补偿的实践主要体现在生态廊道建设、养殖场（户）关闭搬迁补偿以及工业企业关停搬迁补偿等几个方面。下面以南水北调中线工程（河南段）沿线生态补偿的实践为例进行说明。

（一）生态廊道建设

水质安全关系到南水北调中线工程的成败，而采取积极合理的生态补偿措施来加强南水北调中线工程沿线生态廊道建设则是保证南水北调水质安全的重要一环。2013 年 6 月，河南省人民政府颁布了《河南林业生态省建设提升工程规划（2013—2017 年）》（豫政〔2013〕42 号）（以下简称《规划》）。在国土生态安全体系建设布局上，《规划》把“南水北调中线生态走廊”列为“四区三带”①区域生态网络建设的重要任务之一。针对南水北调中线工程干渠沿线森林资源少、生态环境脆弱、水质污染潜在威胁较大等实际情况，《规划》提出南水北调中线生态走廊建设的重点是“在干渠两侧营造高标准防护林带和农田林网，防止污染，保护水质安全，建成集景观效应、经济效益、生态效益和社会效益于一体的生态走廊。在干渠城市和城市边缘段建设园林景观，使之成为城市重要的生态功能区。”《规划》还提出“要完善森林生态效益补偿基金制度”，“国土生态安全体系和

① “四区”为太行山地生态区、伏牛山地生态区、桐柏大别山地生态区、平原生态涵养区。“三带”为沿黄生态涵养带、南水北调中线生态走廊和沿淮生态保育带。

支撑保障体系以财政投入为主;绿色富民产业体系以社会投入为主。财政投入少量政策性引导资金,重点扶持产业化集群和专业合作组织;生态文化体系实行财政投入与社会资金并重。”

继《河南林业生态省建设提升工程规划(2013—2017年)》之后,河南省人民政府于2018年9月颁布了《森林河南生态建设规划(2018—2027年)》(豫政〔2018〕28号)。在全省主体功能区和国土生态安全战略框架下,该规划把南水北调中线水源地及干渠沿线生态保育带纳入了“一核一区三屏四带多廊道”的总体布局。计划未来十年内在南水北调中线工程干渠两侧建设绿化廊道0.72万亩,包括在水源地建设水源涵养林、水土保护林和环境保护林,干渠沿线加强宽防护林带建设,最终建成集景观、经济、生态和社会效益于一体的生态保护带。

南水北调中线工程干渠沿线涉及河南省的南阳、平顶山等8个省辖市下辖的35个县(市、区),这些地方通过生态补偿实践等措施,均为南水北调中线工程沿线生态廊道建设做出了积极的贡献。例如,2015年8月,根据《河南省人民政府关于印发河南林业生态省建设提升工程规划(2013—2017年)的通知》(豫政〔2013〕42号)等文件,平顶山市人民政府针对南水北调中线工程平顶山段生态廊道建设,公布了《关于南水北调中线工程平顶山段生态廊道建设的指导意见》(平政〔2015〕53号)(以下简称《意见》)。《意见》指出,南水北调中线工程平顶山段涉及平顶山境内的叶县、鲁山县、宝丰县和郏县,这四个县在2015年9月底以前已经全部完成了干渠沿线的土地流转工作。平顶山市人民政府在公布上述指导意见之后,又开始在干渠两侧100米及一级水源地保护区范围内建设生态廊道(靠近渠线30米)的工作。并规定在进行生态补偿的前提下,平顶山市在靠近干渠30米的范围内,以常绿乔木为主建设生态防护林带,中间留7米简易公路用于生产和休闲观光的通行,外侧63米范围内,以楸树、核桃、白榆、白蜡等用材林为主。平顶山市以建设特色经济林带的方式,来推进南水北调中线工程平顶山段生态廊道建设。而生态廊道的建设则是由地方政府通过流转的方式实现的,即首先由县、乡两级政府统一承租,再按照市场化运作的方式返租给企业或者种植大户。为了实现通过生态补偿方式支持生态廊道的建设,平顶山按照每年每亩1 000元的标准对承包生态廊道建设的企业或者种植大户予以补助。对生态廊道中的生态防护林带(靠近干渠30米内侧)长期给予补助,对经济林带(外侧70米)连续补助三年。生态补偿性质的补助资金由市级财政负担40%,县级财政负担60%。

南阳市是南水北调中线工程的水源地,也是南水北调中线总干渠渠线最长、占地最多、工程量最大、环保任务最重的省辖市,与平顶山市相比,南阳市在生态廊道的建设上开展时间更早、规模更大。在2013年中线干渠建成之际,南阳市就主动开展了中线干渠生态带建设。按照干渠两侧各100米的林带宽度标准,共完成造林3.7万亩。南阳市的100米生态廊道建设,包括内侧50米宽的生态廊道(包括6.5米宽的简易道路),主要是栽植高大乔木树种;外侧50米宽的生态或经济林,主要是采取乔灌木结合的栽植方式。在有关生态补偿的支持上,各市、县分别拿出财政资金,按照每年每亩800元的标准对造林者进行补助,其中对生态林建设补助15年,对经济林补助5年。

生态廊道的建设为改善南水北调总干渠两侧生态环境,确保南水北调总干渠水质安全做出了巨大贡献。其中,南阳、许昌两市已经完成生态带建设任务,其他地市也都在规划建设之中。根据《南水北调中线一期工程干线生态带建设规划》和《河南林业生态省建设提升工程规划(2013—2017年)》的要求,全省目前已完成南水北调总干渠两侧各100米生态绿化带建设任务,其绿化长度约640千米,总面积19万亩。

早在南水北调工程之初,国家就提出"先节水后调水,先治污后通水,先环保后用水"的调水原则,强调把南水北调工程沿线打造成"清水走廊""绿色走廊"。2014年5月,国务院南水北调办发布《关于印发南水北调中线一期工程干线生态带建设规划的通知》(国调办环保〔2014〕108号)。按照通知规定,南水北调中线一期工程干线生态带建设投资分为红线内和红线外两个部分:红线内投资纳入南水北调中线一期工程干线生态带主体工程建设范围,属于国家投资;红线外的生态带建设投资171.8亿元,以地方投资为主。该规定为把南水北调工程沿线打造成"清水走廊""绿色走廊"进一步指明了方向。

(二)养殖场(户)关闭搬迁补偿

早在2006年12月,国务院南水北调办、原国家环保总局、水利部、自然资源部就已经发布了《关于划定南水北调中线一期工程总干渠两侧水源保护区工作的通知》(国调办环移〔2006〕134 号),做出了在南水北调中线一期工程总干渠两侧水源保护区不得从事规模化禽畜养殖活动的规定。此后,也有类似规定出台。可是,我们通过调研发现,禁养区以及限养区内养殖场(户)的关闭搬迁在实践中的进展实则比较缓慢。例如,位于新乡市境内南水北调中线工程两侧的一级保护区共有 14 家规模养殖场,但目前关闭的仅有 1 家,这主要是由于未能落实补偿养殖场(户)搬迁或者关闭的补偿资金。① 2017 年 1 月,平顶山市人民政府办公室发布了《关于印发平顶山市水污染防治攻坚战 5 个实施方案的通知》(平政办〔2017〕11 号),《南水北调中线一期工程总干渠(平顶山辖区)环境保护实施方案(2017—2019 年)》则是其中方案之一。该方案明确要求,为消除环境安全隐患,保障南水北调中线一期工程总干渠水质安全,在 2017 年 10 月底以前,有关县政府要确保保护区内的畜禽养殖场和养殖专业户依法全部关闭和搬迁。可是,截至 2017 年 9 月,需要关闭搬迁的 26 家养殖场(户)仅有 14 家关闭搬迁,在剩余一个月的时间内完成全部关闭搬迁任务存在一定的难度。平顶山各县区用于补偿养殖场(户)的资金,主要来源于每年养殖项目所获得的奖励资金,畜禽养殖场和养殖专业户关闭搬迁不太顺利也与补偿费用的落实情况有着一定的关系。

在养殖场(户)关闭搬迁补偿的实践中,进展相对较快的是郑州和南阳两市。例如,郑州市按市、县两级财政 1∶2 的比例配套落实财政资金,对不同结构的畜禽养殖建筑物进行评估,按照不高于每平方米 500 元的标准进行补偿;南阳市采取“以奖促治”的办法,每搬迁取缔 1 个规模养殖场,对县(区)财政补助 6 万元,每搬迁取缔 1 个规模养殖户,对县(区)财政补助 1.2 万元,每发现 1 家未能搬迁取缔的养殖场,对县(区)财政扣款 10 万元。

(三)工业企业关停搬迁补偿

为推进南水北调中线一期工程干线生态带建设,河南省有关各市均禁止在一级保护区出现任何与南水北调工程建设无关的项目,对出现在

① 2017 年 8 月,在新乡调研时从市畜牧局所获得的资料。

二级保护区内的建设项目均予以严格审批，并且对新建扩建污染较重的废水排污口或者化工项目采取了不予批准的限制性措施。当然，采取这些限制性措施的同时也离不开生态补偿。在这次调研中，我们获取到了平顶山有关工业企业关停搬迁补偿政策规定的资料。比如2017年1月，平顶山市人民政府办公室平政办〔2017〕11号文件印发的《南水北调中线一期工程总干渠（平顶山辖区）环境保护实施方案（2017—2019年）》规定，相关部门要在2017年7月底以前对南水北调中线一期工程总干渠一级保护区内工业企业（2010年7月后新建）制定取缔、关闭、搬迁时间计划表，整合财政资金、解决搬迁用地、核算补助标准、落实依法补偿，确保2018年10月底前完成取缔、关闭、搬迁工作；要在2018年7月底以前对南水北调中线一期工程总干渠二级保护区内可能导致保护区水体污染的工业企业制定整治计划，确需取缔、关闭、搬迁的，由当地政府依法具体确定，并于2019年10月底前完成取缔、关闭、搬迁任务。同时，方案强调南水北调沿线地区要结合当地实际加大补偿资金投入，并做好农村环境连片综合整治工作。

第二节　南水北调中线工程沿线生态补偿制度障碍

毫无疑问，我国的南水北调工程沿线生态补偿制度建设取得了积极进展，为打造南水北调工程沿线“清水走廊”和“绿色走廊”、消除环境安全隐患以及保障南水北调水质安全提供了制度保障。但从生态补偿实践来看，南水北调工程沿线生态补偿还存在一定的制度障碍，具体包括南水北调中线工程沿线生态补偿法律法规制度障碍和南水北调中线工程沿线生态补偿政策制度障碍两个方面。在南水北调中线工程沿线生态补偿政策制度障碍方面，主要存在生态补偿财政转移支付机制不健全、政策支持有待完善、补偿方式单一、补偿长效机制缺乏以及补偿程序有待规范等问题。

一、财政转移支付机制不健全

合理界定生态补偿财政转移支付的概念，需要从财税法体系中财政转移支付的性质、目的、结构和功能等方面加以理解与总结。财政转移支付属于政府间财政法律关系的组成部分，故而受到财政体制的影响与制约。

根据公共物品受益的空间限制及其外溢性特征，财政分权的必要性就在于根据不同公共物品级次划分中央与地方的财政权，保证公共物品提供的财力与地方事权相匹配，从而便于各级政府有效率地为本辖区居民提供相应公共物品。[①] 为实现各级政府财力与事权相匹配，我国通过1994 年的分税制财政体制改革确立了中央与地方相对分权的分税制财政体制。财政转移支付可以均衡财政能力、保障基本公共服务的均等化提供、补偿地方提供外溢性公共物品的外部成本以及促进国家履行维护社会整体利益的义务。国内有学者结合生态预算理论，认为生态财政转移支付制度是对生态财政转移支付的主体、客体及对象进行科学界定的一种制度安排。[②] 作为财政转移支付制度的重要组成部分，生态补偿财政转移支付可分为一般财政转移支付、专项财政转移支付、地方自筹资金以及自主安排的财政转移支付四部分。

下面主要从生态补偿因素考量不足和生态补偿横向转移支付制度缺失两个方面对其进行说明。

1. 生态补偿因素考量不足

从《2016 年中央本级支出预算表》看中央在一般性转移支付资金的分配，南水北调项目包含行政运行、一般行政管理事务、南水北调工程建设、政策研究与信息管理、工程稽查、前期工作以及环境、移民及水资源管理与保护七个方面。但是，这七个方面均未提及生态补偿，我们从中也就无法判断是否有资金可以被用于生态补偿。如果有，也无法判断有多少属于生态补偿资金以及其资金是怎样使用的。现有政策似乎未能给予应有的关注，这就使人们难免产生财政转移支付资金能否合理使用的疑惑。

以 2008—2017 年南阳市生态功能区转移支付资金情况为例（见下表3-3）。从中我们仅能看出自 2008 年国家实施生态功能区转移支付资金

① 张守文.财税法学[M].北京：中国人民大学出版社，2011：10-13.

② 徐莉萍，蔡雅欣，李姣好.生态财政转移支付制度研究[J].中国人口·资源与环境，2012(22)：56.

以来，南阳市共争取中央中线工程水源区生态补偿资金 453 611 万元，但这些生态补偿资金的用途到底包括哪些科目、具体被用到了哪些生态补偿领域、有多少生态利益的增益者或者保护者能直接获得补偿，这些问题都无法从现有的资金补偿机制中得到答复。事实上，由于缺乏监管体制，这些资金有时候并非完全用于生态补偿。因此，中央财政转移支付机制有待进一步完善，以强化生态补偿因素的考量。

表 3-3　2008—2017 年南阳市生态功能区转移支付资金情况表

（单位：万元）

年度	南阳市合计	市本级	淅川县	西峡县	内乡县	备注
2008 年	6 400		4 000	2 400		自 2008 年国家实施生态功能区转移支付资金以来，南阳市共争取中线工程水源区生态补偿资金453 611 万元
2009 年	19 200		12 000	3 800	3 400	
2010 年	33 500	2 000	18 000	6 000	7 500	
2011 年	40 400	2 000	21 000	7 100	10 300	
2012 年	47 200	2 000	23 000	10 200	12 000	
2013 年	54 100	2 000	26 200	13 200	12 700	
2014 年	63 859	4 028	30 377	15 423	14 031	
2015 年	67 059	4 028	31 377	16 623	15 031	
2016 年	60 276	3 028	27 930	15 646	13 672	
2017 年	61 617	2 028	27 910	17 079	14 600	
合计	453 611	21 112	221 794	107 471	103 234	

2. 生态补偿横向转移支付制度缺失

目前，我国财政转移支付基本实行从上到下的纵向财政转移支付制度，在实践中不涉及或很少涉及横向转移支付。然而单一的纵向生态财政转移支付资金通道已经远远不能满足地方生态补偿的需求，打造主体功能区纵横交错的生态财政转移支付资金通道刻不容缓。① 由于缺乏明确的财政制

① 徐莉萍，蔡雅欣，李姣好.生态财政转移支付制度研究[J].中国人口・资源与环境，2012(22)：59.

度支持和上位法依据，目前区域间的生态补偿大多处于非制度化的自发阶段。① 从各地的实践来看，横向财政转移支付除新安江试点外，新的试点工作均推进缓慢。由于补偿对象、补偿范围、补偿标准等有关制度的缺失，加之各地达成补偿转移支付合意的积极性不高，在实践中并未出现成规模、成体例的地方政府之间以横向补偿转移支付为形式的生态补偿。

同样，南水北调工程沿线的生态补偿也不例外。南水北调中线工程涉及4省、15个大中城市、70个县(市、区)，主要承担林地生态林、耕地生态农业、城镇园林绿地三项红线外生态带建设任务。由于各地在各项建设任务中所占比例、投资多少和收益大小均存在较大差异，特别是由于分工的不同，南水北调中线工程上、下游地区的经济效益与生态效益出现了差异，使得区域分工的整体效率提高而公平问题突出。其中上游地区生产生态产品具有明显的比较优势，但生态产品与物质产品的属性不同，大多数生态产品是典型的公共物品，仅有一小部分能够通过市场机制进行补偿，大部分则被其他利益相关者无偿享有。② 然而，现有政策并未充分考虑这种差异性，对横向转移支付制度的建立未能给予应有的重视。实施生态补偿的各地方主体所提供的生态环境功能与利益以及受益的多少是不同的，这就理应要求在纵向财政转移支付制度的基础上建立区域之间的横向转移支付制度，以便于对南水北调工程沿线进行有效与合理的生态补偿。建立横向转移支付制度，一方面可以考虑在下游地区与上游地区、开发地区与保护地区、生态受益地区与生态保护地区等生态受益主体与生态建设主体相对明确的区域建立起生态补偿横向转移支付制度，其中可以先行考虑跨省之间的横向转移支付制度；另一方面是要注意发挥上级政府的指导和地方政府之间的相互配合与协调作用。

二、政策支持有待完善

(一) 南水北调中线工程沿线生态补偿政策界限不明朗

南水北调中线工程沿线生态补偿政策界限不明朗主要表现在以下四

---

① 秦玉才，汪劲.中国生态补偿立法——路在前方[M].北京：北京大学出版社，2013：284.

② 李国平，王奕淇，张文彬.南水北调中线工程生态补偿标准研究[J].资源科学，2015(10)：1905.

个方面。

一是土地流转政策不明朗。在南水北调工程建设中，加强生态带建设是至关重要的，而生态带建设标准高、规模大、战线长，大量的土地，特别是一部分基本农田就必然要被转化为林地等生态建设用地，但在土地如何流转上，国家尚未做出明确规定。土地流转政策依据不足、生态带土地产权不清晰、相关主体权利义务不明确，这就导致了生态带建设用地流转不顺畅，同时也影响了原本有意参与生态带建设的企业或者个人的积极性。

二是森林生态效益补偿基金可否用于南水北调工程沿线生态补偿的政策不明朗。根据《森林法》第八条规定："国家设立森林生态效益补偿基金，用于提供生态效益的防护林和特种用途林的森林资源、林木的营造、抚育、保护和管理。"那么，南水北调工程沿线的生态林可否纳入防护林和特种用途林范围，可否使用森林生态效益补偿基金，还未见有文件在政策规定上予以明示。

三是具体补偿措施不明朗。例如，南水北调办颁布的《南水北调工程中线一期工程干线生态带建设规划》规定红线外生态带建设以地方投入为主，国家结合南水北调工程中线一期工程干线生态带建设情况给予补助。但国家补助多少，地方政府各级分别承担多大的比例，补偿的范围、标准以及补偿的程序是什么，该规划均未对这些问题做出相关的具体规定。

四是如何补偿财政困难的地方的政策不明朗。目前，南水北调工程沿线生态廊道建设主要是以地方财政筹资建设为主。但是，有的地方财政困难，无力筹措资金，财政资金紧张与生态补偿资金需要的矛盾尤为突出，不得不向上级提出帮助解决问题的申请。例如，2016 年河南省邓州市因地方财政困难，就南水北调中线干渠生态廊道建设问题向国家林业和草原局提出了"国家林业局应当对南水北调中线干渠生态走廊绿化建设情况及后续发展加大扶持力度"的建议，而国家林业局的回复却并未直接回应邓州市所提出的"加大扶持力度"的要求，其原因还在于国家相对缺乏南水北调生态补偿领域的政策，有关政策亟待明朗化。

（二）生态补偿政策的调整未能做到与时俱进

国家林业局宣布中央森林生态效益补偿基金制度正式在全国范围内

全面实施以后，经过对《中央森林生态效益补偿基金管理办法》先后两次的修改，财政部、国家林业局印发的《中央财政森林生态效益补偿基金管理办法》(财农〔2009〕381 号)把中央财政补偿基金纳为森林生态效益补偿基金的重要组成部分，同时还规定中央财政森林生态效益补偿基金重点用于国家级公益林的保护和管理，补偿范围是国家级公益林林地。国家林业局、财政部于 2009 年印发的《国家级公益林区划界定办法》(林资发〔2009〕214 号)就已经界定了国家级公益林林地范围。这就意味着在此之后新建的南水北调中线一期工程沿线生态廊道中的林地无法进入国家级公益林的界定范围，从而也就无法享受中央财政森林生态效益补偿基金。

事实上，南水北调中线一期工程沿线生态廊道中的林地的确属于公益林林地的性质，它对于加强南水北调中线一期工程沿线生态廊道建设、保障南水北调中线工程水质安全均具有十分重要的意义，理应纳入国家级公益林林地范围。可是 2017 年 4 月，国家林业局、财政部印发的《国家级公益林区划界定办法》和《国家级公益林管理办法》(林资发〔2017〕34 号)的通知仍然确定国家林业局、财政部林资发〔2009〕214 号文件区划界定的国家级公益林继续有效，并未对原有国家级公益林林地范围做出调整。另外，有关南水北调中线工程生态补偿的政策在一定程度上也表现出了不确定性，这给生态补偿具体实践带来了一定的困难。例如，2010 年《南水北调中线一期工程总干渠(河南段)两侧水源保护区划定方案》规定一级保护区内禁止建设任何与中线总干渠水工程无关的项目。但是在南水北调中线一期工程一级保护区内，哪些项目与中线总干渠水工程有关，又有哪些项目与这一工程无关，该方案并未明确。再如，该方案还规定，二级保护区内禁止新建、扩建污染较重的废水排污口，禁止新建、扩建规模化禽畜养殖以及其他污染较重的建设项目。什么是污染较重？什么是规模化畜禽养殖？这些概念都并非法定，至今也没有政策性文件对这类含义模糊的概念做出解释。因此，南水北调中线工程沿线生态补偿政策就必然会产生选择性、随机性，而缺乏稳定性和长效性，这在制度上势必会对各地的生态补偿实践造成障碍。

(三) 生态补偿未能建立有效信息公开机制

环境信息是环境法律规制的根基，它是决定环境法律制度能否良好运行的关键。首先，环境信息是建立环境法律制度的必要前提。只有了解和认识环境问题才能有效解决环境问题，要想了解和认识环境问题，唯有通过获取真实的环境信息才能实现。其次，只有建立信息公开和公众参与制度，才能在有效保障环境知情权的基础上最广泛地动员和组织人民群众依法参与环境保护，最大限度地维护和实现好人民群众的环境权益。最后，环境信息是政府行使环境管理职能的基础。做出环境规划、环境设施建设计划、环境行动计划、项目投资计划和环境应急预案等有关环境保护的决策是政府的重要职能。信息为公众参与政府环境决策提供了基础和条件，公众参与政府环境决策体现了决策上的公共意志。这种基于公共意志的决策因为是被公众所认可的，势必会减少决策执行中必不可少的认知和行动上的阻力。而在政府实施环境管理的过程中，无论是总量控制制度、排污许可证制度，还是环境影响评价制度，都无不是以准确的环境信息为基础的，这体现了效率。

也正是基于上述原因，信息公开是原则，不公开是例外。2007 年 4 月，国务院颁布的《中华人民共和国政府信息公开条例》（以下简称《政府信息公开条例》）第六条明确规定“行政机关应当及时、准确地公开政府信息。”第八条规定“行政机关公开政府信息，不得危及国家安全、公共安全、经济安全和社会稳定。”《中国共产党第十八届中央委员会第四次全体会议公报》提出要“全面推进政务公开，坚持以公开为常态、不公开为例外原则，推进决策公开、执行公开、管理公开、服务公开、结果公开。”可见，政府信息只要不涉密，都是可以公开的。政府信息公开就是要最大限度地保障公民的知情权。《政府信息公开条例》把政府信息划分为政府主动公开和依申请公开两个类别，在公开方式和程序上，该条例第十五条规定，属于政府主动公开信息范围的，“行政机关应当将主动公开的政府信息，通过政府公报、政府网站、新闻发布会以及报刊、广播、电视等便于公众知晓的方式公开。”有关南水北调中线工程生态补偿的政策规定属于政府环境信息，这些信息一般不涉密，理应纳入政府主动公开信息的范围，并且按照《政府信息公开条例》规定的公开方式和程序予以公开。然而，目前有些关于南水北调中线工程生态补偿政策规定的政府信息在相关网站上查找不到，原因可能是有关政策文件一般没有明示其应当主动公开，使具体的南水北调中线工程生态补偿政策未能及时有效地得到公开，这在一定程度上表现出了政府生态补偿信息主动公开上的制度障碍。

三、补偿方式单一

政府财政补偿主体是政府组织，其补偿形式一般是通过项目实施给予一定的财政补助或者技术支持，它是一种以公共财政支付为主的生态补偿模式。在社会主义市场经济体制下，市场化补偿反映了环境与生态资源的商品属性。与以公共财政支付为主的政府财政补偿模式不同，市场化补偿主体不再是单一的政府组织，其补偿主体表现出了多元化特征，虽然也包括政府，但政府的角色已经退位。政府与私人部门、企业或非政府组织一样，在市场体系这个平台上都处于平等的生态补偿主体的位置。政府财政补偿体现了"政府对环境质量负责"的原则，市场化补偿体现了"谁污染谁治理，谁开发谁保护"的原则。在市场化补偿条件下，各补偿主体可以共同参与补偿决策，所有开发利用者都要承担补偿生态环境资源开发利用成本的责任，表达了生态资源开发利用者在法律关系上权利与义务的一致性，其出发点就是要解决客观存在的污染者不治理、开发者不保护的问题。这两个原则都是环境保护法的基本要求，同等重要，不可偏废。

因此，《中共中央关于全面深化改革若干重大问题的决定》提出要加快生态文明制度建设，实行资源有偿使用制度和生态补偿制度，强调要"加快自然资源及其产品价格改革，全面反映市场供求、资源稀缺程度、生态环境损害成本和修复效益"，坚持"谁受益、谁补偿原则，完善对重点生态功能区的生态补偿机制，推动地区间建立横向生态补偿制度"。《环境保护法》第三十一条第三款规定"国家指导受益地区和生态保护地区人民政府通过协商或者按照市场规则进行生态保护补偿"。

除了上述这些生态补偿普遍适用的原则性规定，在有关南水北调的生态补偿上，也有国家和地方性文件提出了相关要求。例如，《国务院关于丹江口库区及上游水污染防治和水土保持规划的批复》(国函〔2006〕10号)提出要建立多元化投融资体制，不断拓宽投资渠道，中央和地方财政补助应及时到位，并充分利用市场机制吸纳社会资金和银行贷款共同建设。《河南林业生态省建设提升工程规划(2013—2017年)》(豫政〔2013〕42号)提出国土生态安全体系和支撑保障体系以财政投入为主,绿色富民产业体系以社会投入为主,财政投入少量政策性引导资金,重点扶持产业化集群和专业合作组织,生态文化体系实行财政投入与社会资金并重。《森林河南生态建设规划(2018—2027年)》(豫政〔2018〕28号)明确指出生态建设资金来源主要包括以下四部分。一是积极争取中央支持。积极争取天然林保护、退耕还林、重点地区防护林、湿地保护与恢复、森林防火、造林补贴、森林抚育补贴、公益林补偿等国家工程项目投资。二是该省各级财政投资。各级政府要根据工程任务和财力可能,把林业建设资金纳入财政年度预算,加大投入力度。三是绿色融资。积极争取开发性和政策性银行、商业银行以及国际金融组织为规划工程项目建设提供绿色信贷,加大贷款贴息力度。四是社会资金。引导国企、民企、外企、集体、个人、社会组织等各方面投入资金,培育一批专门从事生态保护修复的专业化企业。

以上对生态建设资金主要来源的明确旨在通过政府和社会资本合作等模式,推动社会资金投入规划工程项目建设。而围绕上述资金来源,该规划指出应当建立多元化、多渠道投入机制,建立完善奖补资金绩效评价结果与资金分配挂钩的绩效管理机制,创新投融资机制,进一步发挥政策性贷款、贴息贷款在创新林业投融资体制中的积极作用,吸引金融资本更多投入林业生态建设。

以上三个文件提出要建立政府财政投入与社会投入相结合的生态补偿机制建设的要求,看似只分别针对丹江口库区及上游水污染防治和水土保持以及河南林业生态省建设,事实上对整个南水北调工程同样适用。

以上规定总体来说都是原则性的,各地还需要将其细化在具体的政策规定之中,才能便于实践操作。然而,我国的生态补偿制度一直是政府主导的,整个南水北调工程生态补偿与其他生态补偿一样,在具体的政策规定中都表现出了以财政投资为主的倾向,市场化机制建设相对薄弱。以直接规定了南水北调工程生态补偿制度的《南水北调中线一期工程干线生态带建设规划》(国调办环保〔2014〕108号)为例,其具体制度规定也仍然没有改变以公共财政支付为主的局面。按照该规划,南水北调中线一期工程干线生态带建设分为红线内与红线外两个部分，属于红线内的纳入主体工程建设范围，由国家投资；红线外的投资 171.8 亿元，以地方投入为主。在财政资金有限、特别是地方财政资金吃紧的情况下，这种仍把政府财政补偿作为南水北调中线一期工程沿线生态补偿唯一途径的政策规定，淡忘了市场化补偿的积极作用，不利于发挥综合生态补偿效益。

当然，市场化生态补偿也可能存在一定的问题。一方面，补偿难度较大。市场补偿首先要明确相关产权问题，包括确定哪些群体属于生态受益者，哪些属于生态供给者。还要在补偿标准、补偿形式等方面进行协商和谈判，这一过程可能就要经过多次反复，导致整个补偿过程过长，甚至最终也难以达成双方都满意的结果。另一方面，补偿短期行为严重。政府补偿往往是政府从长远的整体利益出发对生态环境供给者进行补偿，这种行为具有长期性。相对而言，市场补偿是生态受益者根据其受益情况进行补偿，一旦其在某一时间内生态受益丧失或降低，那么生态补偿行为可能会随时终止或减弱，这将会导致资金链断裂，从而形成恶性循环。且市场补偿各主体更多关注的是个体利益而不是生态利益，容易导致其广泛的短期行为。例如，南阳市政府针对生态廊道的承包造林户是按照每年每亩 800 元的标准进行补助的，其中对生态林补助 15 年，对经济林补助 5 年。也正是这笔补助款激励了市场上的承包造林户参与其中。但是在补助期满后，这些承包造林户是否能继续从事生态廊道的建设就具有很强的不确定性。

四、补偿长效机制缺乏

（一）生态补偿制度立法滞后

对南水北调中线工程沿线生态补偿实践能够提供制度保障的政策文件主要有《南水北调工程建设征地补偿和移民安置暂行办法》《南水北调工程建设征地补偿和移民安置资金管理办法（试行）》《南水北调工程移民安置监测暂行办法》《丹江口库区及上游水污染防治和水土保持规划》《关于划定南水北调中线一期工程总干渠两侧水源保护区工作的通知》《南水北调干线工程征迁安置验收办法》《南水北调工程征地移民档案管理办法》《南水北调中线一期工程总干渠（河南段）两侧水源保护区划定方案》

《丹江口库区及上游水污染防治和水土保持"十二五"规划》《丹江口库区及上游水污染防治和水土保持"十二五"规划实施考核办法》《河南省丹江口库区及上游水污染防治和水土保持"十二五"规划实施考核办法》《丹江口库区及上游水污染防治和水土保持"十三五"规划》,以及《中央财政森林生态效益补偿基金管理办法》《中央财政林业补贴资金管理办法》《中央财政湿地保护补助资金管理暂行办法》和《湿地保护管理规定》等部门规章或地方政府规章中的有关制度规定。而在行政法规上,唯有国务院在2014年2月颁布的《南水北调工程供用水管理条例》相对直接,比如其第十九条第三款规定:"依照有关法律、行政法规的规定,对南水北调工程水源地实行水环境生态保护补偿。"第二十六条规定:"对因清理水产养殖设施导致转产转业的农民,当地县级以上地方人民政府应当给予补贴和扶持,并通过劳动技能培训、纳入社会保障体系等方式,保障其基本生活。"除此之外,并未见到其他与南水北调中线工程沿线生态补偿更为直接相关的法律法规。南水北调工程实施以来,在法律制度保障上,至今仅有《南水北调工程供用水管理条例》予以支持的状况表现出了相关制度立法的滞后性。因此,有必要在归并与整合的基础上将一些政策规定性质的文件提升为行政法规,条件成熟的也可以提升为法律。

(二)生态补偿法律制度过于原则化

国务院颁布的《南水北调工程供用水管理条例》第二十四条规定:"南水北调东线工程调水沿线区域和中线工程水源地县级人民政府应当根据水源保护的需要,划定禁止或者限制采伐、开垦区域。南水北调东线工程调水沿线区域、中线工程水源地、中线工程总干渠沿线区域应当规划种植生态防护林;生态地位重要的水域应当采取建设人工湿地等措施,提高水体自净能力。"其中采取种植生态防护林、建设人工湿地等措施,对于提高水体自净能力确实具有十分重要的意义。

应当说,在有关南水北调中线工程沿线生态补偿制度上,我国已有一些法律法规。比如《水土保持法》第三十一条规定:"国家加强江河源头区、饮用水水源保护区和水源涵养区水土流失的预防和治理工作,多渠道筹集资金,将水土保持生态效益补偿纳入国家建立的生态效益补偿制度。"《森林法》在其第八条中规定:"国家设立森林生态效益补偿基金,用于提供生态效益的防护林和特种用途林的森林资源、林木的营造、抚育、保护和管理。”《环境保护法》第三十一条规定：“国家建立、健全生态保护补偿制度。国家加大对生态保护地区的财政转移支付力度。有关地方人民政府应当落实生态保护补偿资金，确保其用于生态保护补偿。国家指导受益地区和生态保护地区人民政府通过协商或者按照市场规则进行生态保护补偿。”《水污染防治法》第八条规定：“国家通过财政转移支付等方式，建立健全对位于饮用水水源保护区区域和江河、湖泊、水库上游地区的水环境生态保护补偿机制。”《南水北调工程供用水管理条例》第十九条规定：“依照有关法律、行政法规的规定，对南水北调工程水源地实行水环境生态保护补偿。”《畜禽规模养殖污染防治条例》第二十五条规定：“因畜牧业发展规划、土地利用总体规划、城乡规划调整以及划定禁止养殖区域，或者因对污染严重的畜禽养殖密集区域进行综合整治，确需关闭或者搬迁现有畜禽养殖场所，致使畜禽养殖者遭受经济损失的，由县级以上地方人民政府依法予以补偿。”此外，《农业法》《土地管理法》《森林法实施条例》《退耕还林条例》《水土保持法实施条例》和《自然保护区条例》等有关规定也与南水北调中线工程沿线生态补偿不无关系。这些法律法规所建立的制度对于南水北调中线工程沿线生态补偿实践具有制度保障作用是无疑的，但是，这些法律法规规定存在过于原则化、不便于操作等问题，在南水北调中线工程沿线生态补偿实践中表现出的制度保障作用也有其有限性。

五、补偿程序有待规范

南水北调中线工程沿线所有地方政府为了保护工程沿线整体生态效益，都在限制工程沿线工业、畜牧业等行业的发展，关闭和搬迁了许多污染企业和养殖场(户)，在一定程度上限制了自身的经济发展，对其进行补偿理所应当。《森林法实施条例》做出了“防护林和特种用途林的经营者有获得森林生态效益补偿的权利”的制度规定；《国务院关于丹江口库区及上游水污染防治和水土保持规划的批复》(国函〔2006〕10 号)提出“中央和地方财政补助应及时到位”；《河南林业生态省建设提升工程规划(2013—2017 年)》(豫政〔2013〕42 号)提出“国土生态安全体系和支撑保障体系、绿色富民产业体系要分别以财政投入和社会投入为主”。有了这些法规和政策的支持，南水北调中线工程沿线生态廊道的建设者似乎应该更加积极地投身其中，然而事实并非如此。因为这些关于生态补偿的制度规范比较原则、过于宏观、缺乏具体指标的量化与细化，在实践中缺少实际可操作性，而且按照这些原则制定的具体制度，又存在补偿范围、补偿标准等有失科学、有失严谨和缺乏合理性等问题。

南水北调中线工程沿线生态补偿主要参照了国家有关森林、湿地等生态补偿的标准，而参照的这些标准本身就存在不科学、不合理的问题。比如，森林生态补偿领域就存在补偿标准低和补偿标准“一刀切”的问题。① 我国现有森林生态效益补偿仅仅是依据了国家的财力，并没有严格根据科学的标准实施补偿。② 南水北调中线工程生态补偿调控方式的特点仍然是以政府或行政区域为单元，以财政转移支付为手段，因此其法理更多的是基于权力而不是权利。③ 这种政府主导的生态补偿，仅仅实现了生态利益在区域或群体之间的传送过程，未能把补偿资金精确对应到真正的生态利益增益主体或受害主体。应该看到，南水北调中线工程沿线投入大、周期长，企业或个人投资在短期内难以获得效益上的回报，所以吸引社会资金投入生态补偿具有一定的难度。

例如，南水北调中线工程在鹤壁市境内长达 29.22 千米，红线外两侧分别规划了宽度为 100 米的绿化带，其中有 40 米为生态景观林，60 米为用材林或经济林，绿化带第一年苗木费、土地流转费、赔青费、管护费、水电路等费用约每亩 12 800 元，以后每年扣除苗木费、赔青费等费用后约每亩 3 100 元，回收投资往往需要数年甚至十年以上时间，在这之前投资者不能获得任何收益，如果没有足够的资金来源或者政府补贴，企业或个人一般不愿意投资。在这种情况下，如果财政投入不运用一定的理论方法与科学技术进行测算和评估，根据政府财政承受能力来决定生态补偿标准，那么生态补偿实践势必会遇到补偿标准不合理的制度障碍，从而导致

① 梁增然.我国森林生态补偿制度的不足与完善[J].中州学刊，2015(3)：62.

② 李文华，李芬，李世东，等.森林生态效益补偿的研究现状与展望[J].自然资源学报，2006，21(5)：681.

③ 杜群.长江流域水生态保护利益补偿的法律调控[J].中国环境管理，2017(3)：33.

南水北调中线工程建设难以顺利进行。法律的生命力在于实施，制度的权威也在于实施。相关部门必须要充分考虑不同区位、不同类型的植被在管护质量、生态效益和投入成本、机会成本上的不同，使补偿范围和补偿标准合乎实际，并且适时予以调整。[①]

① 梁增然.我国森林生态补偿制度的不足与完善[J].中州学刊，2015(3)：62.

第四章　国外调水工程生态补偿法律制度实践及其对我国的启示

纵观世界各国在跨流域调水工程中的生态补偿法律制度，尽管这些生态补偿法律制度都运用了包括政府宏观管控和经济市场调节在内的综合手段，但不同国家却形成了差异较大的制度偏好。例如，以美国为代表的西方发达国家依托自身完善的市场机制形成了以产权制度为核心、以市场交易为导向的市场化生态补偿方案；而以印度和巴西为代表的发展中国家则更倾向于通过政府的行政协调或财政支持的宏观调控手段实现生态补偿目标。本章通过深入分析美国、澳大利亚和西班牙等典型发达国家以及印度、巴西等发展中国家调水工程生态补偿制度实践，并借鉴上述国家相关先进经验，以期为完善我国的调水工程生态补偿法律制度提供理论参考。

第一节　典型发达国家调水工程生态补偿制度实践

西方国家经过两次工业革命以后，社会生产力不断提高，人口迅速集聚和经济快速发展加速了水资源的消耗，从而也加剧了水资源分布与经济社会发展不平衡的矛盾。从 20 世纪初开始，西方国家陆续规划并建设了大量跨流域调水工程，如美国中央河谷工程、澳大利亚雪山工程和西班牙的塔霍河—塞古拉河调水工程等。上述国家在建设调水工程缓解水资源分配不均问题的同时，也建立了各具特色的跨流域调水工程法律体系。在生态补偿问题的处理模式上，西方发达国家一般都采用产权制度和市场化机制相结合的方式解决生态环境补偿问题，但在具体制度设计上各具特色。例如，相较于美国和澳大利亚的充分市场化，西班牙的制度设计明显增加了政府宏观调控的占比。下面我们以美国、澳大利亚和西班牙为例，分析西方发达国家相关法律制度及其实践。

一、美国调水工程生态补偿制度实践

水资源分布不均和水量不足制约着区域工农业发展、城市化扩张以及环境问题的有效解决，而调水工程通过水资源的跨区域再分配能够有效解决以上问题。目前美国已建成多个大型跨流域调水工程，包括联邦中央河谷工程、科罗拉多河水道工程、科罗拉多—大汤普森工程、芝加哥引水工程、中央亚利桑那工程、伊利诺伊调水工程、中央犹他工程、加里森调水工程、全美灌溉系统、圣胡安—查理工程、洛杉矶水道工程、加利福尼亚州北水南调工程等。上述调水工程的成功建设，对美国经济宏观布局、生产要素和资源的合理配置都起到了重要作用，同时维系了国家经济的可持续发展。但与此同时，调水工程的建设和运营也具有负外部性，对水源地和沿线各地生态环境均造成了不同程度的影响。下面我们通过对美国中央河谷工程和中亚利桑那州调水工程具体实践的介绍，并结合相关法律制度分析美国调水工程生态补偿的经验。

（一）美国典型调水工程简介

1. 美国中央河谷工程与加利福尼亚州北水南调工程

美国联邦政府于 1937 年 10 月启动了中央河谷工程，该工程于 1940 年 8 月首次通水。20 世纪 50 年代以后加利福尼亚州（以下简称加州）政府建设了北水南调工程，1973 年工程基本竣工。中央河谷工程与北水南调工程相辅相成，联合将美国加州北部地区充沛的水资源调到南部干旱缺水区域。①

美国加州北水南调工程是将水调到美国中部河谷地带，将干旱少雨的河谷平原变为美丽富庶的重要粮食产区和经济体，因此它被称为中央河谷工程。加州位于美国西海岸，是美国占地面积最大、人口总数最多的

① 魏昌林.国外调水工程美国的调水工程[J].科技信息，2003(09)：15-16.

州之一。其北部气候湿润多雨，所属的萨克拉门托河水系水量丰沛，南部气候较为干燥，年降水量少、水资源严重不足等问题较多，然而三分之二的居民生活在加州南部。① 为满足加州南部缺水地区发展需求，目前建成的配套工程已超过十项。中央河谷工程在完成供水任务的同时还兼具发电、防洪、渔业、旅游以及水土保持等多重目标，是世界长距离调水工程的典范。② 加州北水南调工程的顺利实施在解决区域水资源分布不均的同时，也为提升加州的经济效益、社会效益和生态效益做出贡献。③

美国加州北水南调水利工程时间跨度较大，经过了数十年时间才完成了设计、施工和完工，实现顺利输水。20 世纪 50 年代加州当局开始着手考虑解决加州的北涝南旱的严峻状况。④ 例如，1957 年加州北水南调工程即进入开工阶段，1973 年主体工程全部完工，1990 年达到设计输水能力。美国加州北水南调工程输水线路途经 28 个大坝水库和 22 个抽水站，调水主干道长达 900 千米，调水总扬程为 1 151 米，调水量达每年 52 亿立方米，受益人口达 2 300 万，它是美国设计规模相对较大、影响范围最广的调水工程。加州北水南调工程完工后，作为受水区的加州南部干旱河谷地区迎来了农业发展的良好时机，干旱河谷区农业灌溉面积达 2 000 多万亩。在北水南调工程的支持下，加州一度发展为美国最重要的粮食产区。⑤

2. 美国中亚利桑那州调水工程

亚利桑那州位于美国中西部地带，该区境内常年降雨量不足、气候干旱、沙漠广布。随着该州中部地带经济发展，20 世纪 60 年代以来其用水需求开始大幅增加。为满足经济发展和城市生活用水需求，亚利桑那州中部地区开始大量抽取地下水，然而伴随着地下水抽取运行费用的持续增长，该州地面沉降、地表裂缝等严重的次生环境问题也日益增加。对

① 侯小虎，金海，谷丽雅，等.国外调水工程供水合同分析及对我国南水北调工程的启示[J].水利发展研究，2018，18(10)：53-60.

② 皮钧，熊雁晖.加利福尼亚调水工程对我国调水工程的启示[J].南水北调与水利科技，2004，2(4)：50-52.

③ 吴志宏.美国加州“北水南调”工程的启示[J].水利天地，2003(03)：22-24.

④ 周彬.美国加利福尼亚水资源开发及高产值利用[J].中国水利，1986(04)：45-46.

⑤ 河南省水利厅赴美国培训团.美国大型水利工程建设与管理的启示[J].河南水利与南水北调，2007(04)：5-6.

此，美国当局决定回灌地下水以恢复生态环境，补充城市水资源储备以满足经济社会发展的用水需求，中亚利桑那州调水工程应运而生。

美国中亚利桑那州调水工程将亚利桑那州东部科罗拉多河流域的哈瓦苏湖水引至亚利桑那南部的图森以及中部的马里科帕、皮纳尔、皮马等城市。① 1968 年美国联邦政府议定通过了《科罗拉多河流域工程法》并授权由美国内务部垦务局负责规划、设计和建设中亚利桑那调水工程。该工程于 1973 年动工，1993 年全线通水，并由临时形成的中央亚利桑那水利保护管理局(该局是由马里科帕、皮纳尔、皮马三个县联合成立的一个准政府实体组织)负责运行和管理，是美国境内最新、建造规模最大、资本投入相对较多的单项调水工程。

美国中亚利桑那州调水工程全长 539 千米，设计流量每秒 85 立方米，②输水量约 19 亿立方米，沿线共建有 14 个泵站、39 个节制闸和 33 个取水口。此外，其水道系统中还有 10 个地下倒虹吸工程、3 个穿山隧洞以及一个长度达 17 英里的超大断面水道，该水道还将发挥贮水池的作用。该工程投入运营后即开始进行地下水回灌，2009 年总回灌量达 3.2 亿立方米。回灌措施不仅使得区域内地下水位稳步上升，而且发挥了调蓄作用。③ 除此之外，美国中亚利桑那州调水工程还实现了补充地表水资源、防洪灾害控制、休闲娱乐、水产养殖以及野生动物保护等生态和经济效益，使同样面临缺水问题的新墨西哥州西部部分地区从中获益。美国中亚利桑那州调水工程发挥的巨大社会、经济和生态效益离不开工程建设运行中先进的工程技术手段、全面且综合的立法保障、合理的资金运用的监督管理等，这些都能为我国南水北调工程提供有价值的经验。

(二) 美国调水工程生态补偿法律政策体系

美国水资源开发利用的法律法规及政策随时间和社会发展不断演变，体现了不同时期的用水理念，国内有学者认为美国水资源管理政策的变迁可分为五个阶段，分别是：美国独立至 20 世纪初为开发期，主要任务

---

① 李运辉，陈献耘，沈艳忱.美国中亚利桑那调水工程[J].水利发展研究，2003(03)：55-58.

② 吴仲坚.美国西部大规模调水工程的若干启示[J].海河水利，1987(2)：9-13.

③ 管光华，王长德，候峰.美国中亚利桑那调水工程(CAP)地下水银行经验对我国调水工程的启示[J].南水北调与水利科技，2011，9(01)：156-159.

是开发利用水资源、发展工业、农业和航运业，同时壮大国防等；1933 年至 1943 年是新纪元期，主要任务是开拓就业机会、推进经济发展，追求水利工程的经济效益；1943 年至 1960 年是控制稳定期，这一时期开始强调经济效益和生态环境效益的统一，减少不必要的工程投资；1960 年至 1980 年是环境保护期，这一阶段美国密集出台环保法律制度并设立了水利部门和美国环境保护总署等机构；1980 年至今是流域综合管理期，进一步增强了生态环境保护，重视管理现有的水利工程。① 上文重点介绍的两个代表性工程分处不同的历史时期，也深刻反映了不同的政策背景导致的价值差异，比如后期建设的中亚利桑那州调水工程更加注重包括生态环境保护在内的综合性目标。

从立项、审核、确定投资规模大小到项目建设施工的管理；从水资源量分配、水环境质量保障到建筑工程质量标准；从工程运行管理机制到建成后的工程效益发挥以及工程投资的偿还；从水价及水费收取到生态环境保护等，都严格按照有关法规进行，体现了法律规范对调水工程的促进作用。② 实际操作中，美国兴建的任何一项跨流域调水项目均要由国会或者州立法机构授权和批准，具备极强的法律约束力。每项联邦政府或州政府投资建设的工程都有一部相应的具体法案。③ 总的来看，美国在调水工程的宏观制度安排上形成了联邦和州相互分工、相互配合的格局。

1. 联邦层面

美国是联邦制国家，水资源属州所有，联邦政府没有统一的水资源管理法律，美国宪法也未涉及水资源或其他自然资源，水政策基本上是"反应性"的政策。州级别的水资源管理和水环境保障行为以州内立法和州际协定为准绳。对于联邦级的大型跨流域调水项目的建设、施工和管理，要通过联邦特权(或保留权)与州政府协商而达成。

联邦层面对生态用水的保护主要是确保特定区域，尤其是野生动植

---

① 刘超，闫强，赵汀，等.美国水资源管理体制、全球战略及对中国的启示[J].中国矿业，2019(12)：28-34.

② 刘斌，庞进武，祝瑞祥，等.美国长距离调水工程考察报告[J].人民长江，1994(07)：35-39.

③ WEN Zhuang. Eco-environmental impact of inter-basin water transfer projects: a review [J]. Environmental Science and Pollution Research, 2016, 23(13): 12867-12879.

物保护区或栖息地所需用水，并通过有关环境保护的法律政策来实现。法律政策主要包括《清洁水法》《濒危物种法》《河流和港口法》《迁徙鸟类条约法》《鱼类和野生动物协调法》《自然与风景河流法》《中央谷地灌溉工程改进法》及《未开发土地法》等。下面选取几部比较具有代表性和实践意义的法律略做分析。在《清洁水法》中，第四百零四条规定："行为人向美国水域内排放、疏浚和填埋物品都必须从美国陆军工程兵团处取得许可证，并且联邦环境保护署有权否决会对市政区域供水、野生鱼类、野生动物以及娱乐休闲地域产生不利影响的许可证。"此外，水体质量的保障也是重要一环，《清洁水法》为此限制河道最小径流量，确保污染物得以妥当净化稀释。联邦《濒危物种法》为确保濒危物种生存所必需的用水，在第七条规定"联邦机构应承担就联邦行为是否可能危害濒危物种、是否符合《清洁水法》第四百零四条有关疏浚和填埋规定提出意见的义务。"并在第九条明确指出"禁止州政府机构和其他任何个人做出损害濒危物种及其栖息地的行为"。同样，《河流和港口法》对生态用水的保护也主要体现在有关疏浚和填埋许可的规定中，例如，第十条要求"在可航行水道上修建障碍物应从美国陆军工程兵团申领许可证"。实践中各州境内大多数与水资源有关的开发项目，其中包括大型跨流域调水工程等均必须同时符合《清洁水法》与《河流和港口法》的相关规定。《鱼类和野生动物协调法》主要是对保护水生环境质量的政策予以阐释，众所周知，水生环境质量对鱼类和其他野生动物的保育、河流生态系统结构和功能的维护至关重要，水质要求也是生态用水概念中的重要因素。基于此，该法设置了一项协商前置制度，制度规定"联邦机构如果提议控制或改变、抑或颁发许可证允许控制或改变水体，均应首先与美国鱼类和野生动物管理局以及各州有关负责动物管理的行政官员协商"。《自然与风景河流法》则禁止联邦机构建造或批准、资助建造对列入名录的河流产生直接不利影响的项目工程，即使是具有极大经济和社会价值的调水项目也不例外，这在一定程度上也体现了美国环境保护层面上的生态优先理念。《自然与风景河流法》规定："保育那些拥有非常重要的风景名胜、休闲娱乐、自然地理、野生渔业和动物、历史文化遗产等或其他具有类似价值的河川，并保持其径流量处于天然状态"。特别重要的一点是，该法施行中国会宣布，已经颁行实施的有关规制河流中所建大坝或其他设施的国家政策，均需要补充一项重要内容，规定该项既定政策也将承担养护列入名录的河流或河段的任务，使其流量处于自然状态，从而保护水质并实现其他重要的国家保护目标。《中央谷地灌溉工程法》是一部针对中央河谷工程而制定的专门性法律，被认为是联邦政府通过财税措施引导或鼓励州政府及用水户为生态环境补给用水的最好例证。该法禁止以减损鱼类、野生动物用水的水质和水量为代价的水权转让行为。此外，该法还修改了工程机构的法定权限、鱼类和野生动物的迁徙、恢复成为供水的重要考量因素，并且规定水力发电也应关注鱼类及野生生物生存环境的改善。

美国联邦政府为加州北水南调工程提供的与调水工程配套的立法、法规、政策以及执法程序等为调水工程的正常运行提供了制度保障，其中涉及的法律法规还包括《联邦垦务法》《水质法》《土地使用法》《河流流量保护法》《水合同》等。以上这些法律法规，规范和约束了政府以及社会参与者的行为边界，同时也明确了利益相关者的权利与义务，为解决日后可能产生的纠纷提供了制度支撑。

2. 州层面

绝大多数水法规范是各州根据当地的资源禀赋、环境状况、用水需求等因素分别建立和发展起来的，与联邦法律多为宏观政策或协调性法律不同，州层面的法律则更加具体。例如，加州议会 1933 年通过的《中央河谷工程法案》批准了中央河谷工程建设所需的债券融资，《加州水法典》授权加利福尼亚州水资源管理委员会管理水权等。① 为了提高水资源利用效率，各州一直在根据需要修改水法和调整机构。目前州层面的水资源管理机构包括各州的水资源管理委员会、水保局以及水资源局等。尽管各州管理地表水的方法并不完全一致，但各州制定水法的核心基本均为河岸权原则或优先占用权原则。河岸权原则规定“谁的土地邻近某水体，谁就有权利用该水体中的水。”根据此原则，水权和土地联合不可分离，水权所有者可以以任何方式在岸边土地上“合理”利用水，但要求不得造成

① 才惠莲.美国跨流域调水立法及其对我国的启示[J].武汉理工大学学报(社会科学版)，2009,22(2)：66-70.

其他河岸权所有者的不便。依据公平性原则，当遇到干旱缺水情况时，河岸权所有者均需同等地减少用水量。河岸权原则目前被水资源丰沛的美国东部各州采用，西部各州由于水资源缺乏，需要通过调水工程才能满足经济生活的用水需求，因而在西部逐渐形成了优先占用权原则。优先占用权原则规定了河道中的水资源为公共财产，谁优先占用该水资源，谁就有水资源优先使用权。优先占用权原则允许使用原流域以外的水（也就是通过调水工程调入本地的域外来水）和储蓄水，在干旱和半干旱的西部各州，储蓄水的权利对整个水权体系来说是具有决定意义的，然而对于是否可以出售优先占用水权，各州的规定并不一致，水权出售后占用权相应转移，原有的优先权丧失，新的优先权顺序按照出售日期重新排序。①

与其他自然资源不同，美国的水权制度建构以州法律规范为主。绝大多数水法规范是各州根据当地资源禀赋、环境状况、用水需求等因素分别建立和发展起来的，有关生态用水的法律体系也不例外。针对是否实施和建设跨流域调水项目，不同的州体现出了不同的处理手段，下面我们以富水法域的密歇根州和缺水法域的加利福尼亚州为例来说明。富水法域的密歇根州侧重于对跨流域水权转让的严格控制和内湖正常水位的维持，《1994 年自然资源和环境保护法》禁止从处于大湖区流域的州内向外输出水资源，以及其规定的“如果法院根据本章规定确定了一项正常水位，内湖所在地方的有权机构就应当维持这一正常水位”即是例证。而反观缺水法域的加利福尼亚州，则提倡变更用水目的，即可通过一定程序将其他类型的用水更换为生态用水目的，如《加州水法典》第 1707 条第(a)款(1)项规定，“任何基于先占优先权、沿岸权或其他权源获得取水权的人，为了修复涉及该水域的湿地和野生生物栖息地、保护鱼类和其他动植物资源以及提升休闲娱乐性能，均可依法向州水资源管理控制理事会提出请求，以实现用水目的变更。”尽管如此，由于气候上的相似性，各州水法之间还是存在着一定的相似点，这些相似点体现在一些包含生态用水规制条款的环境保护或水资源管理法律政策中，可以概括归纳为以下几

① 柴方营，李友华，于洪贤. 国外水权理论和水权制度[J]. 东北农业大学学报（社会科学版），2005(3)：20-22.

类：一是州议会制定的有关水资源的法律，以及州法院做出涉及这些法律的判例。例如，《加州水法典》和《1972 年密西西比州法典》均要求有益用水最大程度实现，考量环境保护等公共利益目的，并规定在水资源管理规划中考虑生态用水因素。1972 年加州《自然与风景河流法》、1999 年的《密西西比风景河流管理法》与联邦 1968 年《自然与风景河流法》相应建立了自然风景河流制度，以维持河流的自然流量状态。二是州缔结或者参加的有关境内水资源的协定。如密歇根州签署的《1985 年大湖区宪章》、密西西比州签署的《州际环境协定》和加利福尼亚州签署的《科罗拉多河协定》均关注跨流域水资源分配或转移中的生态影响。三是州行政机构或执行机构制定施行的水资源相关行政规则与政策。将生态用水制度制定于法律之中，形成联邦和州两个层面的法律体系，使其保护由原则性、不确定性变得相对稳定且系统，并打破了其发展之初的诸多限制，从而使该项制度不再只是“本本上的权利”，而是具有了促进水资源合理配置利用、改善生态环境的实际意义。

3. 调水工程层面

大部分的美国大型调水工程运行前后一般均会出台具有针对性的单独立法，如中央河谷工程，其建设时加州及联邦政府的相关立法机构前前后后为该工程进行了十多次的保障性立法。其中，加州议会分别在 1933 年、1935 年通过了《加州中央河谷工程法案》(授权工程建设通过发售收益偿付债券等方式)、《河流与港口法案》(授权美国陆军工兵部队进行工程前期建设，但在同年内务部又将该工程的建设权授予垦务局)；1937 年，在重新修订《河流与港口法案》后，美国垦务局开始正式拥有中央河谷工程的建设权和运营权，在垦务局发布的条例中，确定了中央河谷工程所建设的水库、大坝、发电站、输水渠道和其他工程设施等的目标优先级，首先是调控河川径流，加强防洪和航运建设，其次是提供农业用水和生活用水，最后才是发电；针对中央河谷工程的融资和贷款，美国国会于 1939 年颁布了《垦务工程法》，该法案详细约束了中央河谷工程 40 年期限贷款的提供和偿还事宜；针对长期用水户的用水协议，美国国会于 1956 年颁布了《垦务工程法修正案》；另外，国会还在 1962 年确立了《防洪法》，授权了三个大坝(新梅洛雷斯坝、希顿坝和布坎南坝)的建设，并对工程鱼类及野生生物保护措施、娱乐设施建设和水力发电等工程目标做出规定。[①]

(三)美国调水工程生态补偿管理相关规定

生态补偿机制作为调水工程的一个重要组成部分,其目标实现有赖于项目建设及运营过程中的高效管理。美国大型跨流域调水工程的相关法律规范中包含了大量管理类规范,科学高效的管理体制是调水工程综合性目标实现的制度保障。总体来看,美国现有法律规范中关于调水工程管理的内容主要包括调水工程的管理体制、调水工程的资金管理、调水工程的环境管理等。

1. 调水工程的管理体制

当前美国在大型跨流域调水工程的管理职权分配中形成了多层次的分散管理模式,水资源的管理存在有三级机构,分别是联邦政府机构、州政府机构和地方政府机构。美国国会通过法案授权联邦政府参与国家水资源的规划、开发和管理工作。直属联邦机构的部门有国防部下的陆军工程师兵团、内务部下的垦务局、国家地理调查局的水资源处、农业部的土壤保持局、国家环境保护局、田纳西河流域管理局以及1965年依据《水资源规划法》设立的水资源委员会和一些流域委员会。在联邦政府的统一领导下,各部门职责明确,既分工又协作,既相互配合又相互制约。美国水资源属州所有,水管理基本以州为主。其中陆军工程兵团和垦务局的职责中均包括大型水利工程的规划、设计和施工,因此与调水工程紧密相关;各州水资源管理机构主要包括水资源管理委员会和水资源局等,它们负责本州范围内的工程规划、设计;流域水资源管理机构则是针对特定流域形成的专门化水资源管理机构,例如,田纳西流域管理局、密西西比河流域管理局等;地方水资源管理机构则主要包括基层的管理委员会和水利局,其职责主要是参与水利工程的运营与维护。垦务局、陆军工程师兵团、水资源委员会和田纳西流域管理局等可以由联邦政府或国会授权对本系统的工程规划、设计、施工和运行进行管理。[②] 而各州也享有较大

① 才惠莲.美国跨流域调水立法及其对我国的启示[J].武汉理工大学学报(社会科学版),2009,22(2):66-70.

② 黄德林,胡志超,齐冉.美国调水工程环境保护政策及其对我国的启示[J].湖北社会科学,2011(05):57-60.

的自主权，如加州北水南调工程归加州政府所有，隶属加州水资源部管辖，且由该部门负责运行。事实上，这种多层级管理模式的形成也渗透着美国各方利益博弈的影子，是在长久的利益博弈过程中形成的一种平衡状态。总体来说，美国水务管理以州为主，水资源管理体制的权力较为集中，领导机构也相对来说比较统一。美国跨流域的水资源管理是行政区域与流域相结合，在实践中高度重视节约与保护水资源。水资源管理体制在不断变革，水务管理机构的设置依照客观条件以及项目的需求也发生调整和变化。①

2. 调水工程的资金管理

美国大型跨流域调水工程所需资金往往通过市场化方式解决，因此从项目立项开始，在资金的募集、使用和偿还等方面便需要严格遵守相关法律规定或特定法案的要求。例如，上文介绍的加州北水南调工程，项目工程设计完成后，加州议会以法律形式确定了工程的建设要求、管理框架、项目成本和资金来源。其中，加州北水南调工程总投资约50亿美元，资金的筹措方式包括州政府发行债券、项目贷款和建立基金。而大型跨流域调水工程的主要资金筹措方式之一就是建设债券，同时以人们购买这种债券所得的收入无需以交各种税费为条件来激励此类债券发行；在贷款方面则主要依靠联邦政府提供拨款和长期低息贷款。如对环境保护、预防洪灾和印第安人保护区的工程，政府会给予拨款投资，对工程供水、供电发电、农业灌溉等有经济收益类的工程，政府会给予多达50年的低息贷款，而发行的债券和贷款将由调水项目的营业收入偿还；此外还有依法从某些受益行业提取调水建设基金等。

3. 调水工程的环境管理

美国大型跨流域调水项目本身工程结构复杂多样，投资和运营耗费大量社会经济成本，但对生态环境的影响表现出明显的滞后性，因此，美国的跨流域调水工程一般从社会需求、经济成本、工程技术和生态环境等多方面进行统一规划、综合评价和科学管理，力求实现经济、社会和生态

① 孙炼，李春晖.世界主要国家水资源管理体制及对我国的启示[J].国土资源情报，2014(09)：14-22.

环境三种效益的有机统一。为此，美国联邦政府从环境立法、环境评估以及公众参与等多方面实现对调水工程水源区及其沿线地区的生态环境保护。

首先，在环境立法方面，[①]为减少跨流域调水工程对水源区和沿线区生态系统的结构和功能可能造成的危害，美国联邦政府制定了大量的与调水工程相契合配套的法律政策，这些法律法规范围极为广泛，从工程水源区和沿线区的重要湿地、湖泊，到和生物多样性有关的野生动植物的保护等均囊括在内。例如，1992 年由美国垦务局与美国鱼类及野生动植物管理局合作实施的《中央河谷工程改良法案》修正了前期中央河谷调水工程主要的工程目标（将目标变更为：改善中央河谷工程对野生动植物及其栖息地、鱼类等的消极影响，保护野生动植物，修复生态环境。并将鱼类野生动物和生态环境的保护目标提升至与灌溉、防洪、发电等社会经济目标同等重要的位置），并为其管理经营提供科学的指导。另外，为支持中央河谷工程建设，美国联邦政府制定了大量的相关法案，如《苏森湿地保护与恢复法案》（是一部专门用来保护苏森湿地地区的野生鱼类、野生动植物资源和生态系统的法案）、《奥本-富尔松南部设施授权法案》和《特尼提河河道整治法案》等。[②] 除了加州调水项目，很多有关调水的综合性政策法案中都专设有野生动植物的保护条款，为提高对调水工程影响区的野生动植物保护的针对性，部分条款还对这些野生生物进行分类，设置分类名录，同时也是为了维持区域的环境稳定和生态平衡，避免生物种群的衰亡和灭绝或外来物种入侵带来的环境灾难。

其次，在环境评估方面，美国联邦法律和美国联邦垦务局的相关文件规定，调水工程建设之初要对其在通水前期和通水后期可能对生态环境及生物多样性造成的不利影响进行充分的评估，并采取各种有效方法使不利和负面影响降到最低。[③]

最后，在调水工程生态环境保护的公众参与方面，美国《国家环境政

---

① 陈慧.中国城市水务管理事业化改革[M].北京：知识产权出版社.2015(05)：92-93.

② 陈天慧.美国重点调水工程之中央河谷工程概述[J].科技风，2018(21)：102-133.

③ 黄德林，胡志超，齐冉.美国调水工程环境保护政策及其对我国的启示[J].湖北社会科学，2011(05)：57-60.

策法》赋予了公民广泛的参与权。行政机关通过举行说明会、听证会、公示等方式,让社会公众了解生态环境保护决策的过程、内容和结论,并且详细规定了公众参与的时间、方式和过程,具有很强的公开性。

(四)美国调水工程具体生态补偿措施

在调水工程生态补偿的具体措施上,当前美国已经形成了较为完备的多元化生态补偿机制,具体包括:依托于清晰的产权机制形成的异地水土保持补偿机制;依托于政府公共物品提供职能和财政支持形成的政府采购生态系统服务补偿机制;依托于州际水权划分和市场交易形成的水权生态补偿机制。

1. 异地水土保持补偿机制

美国调水工程异地水土保持补偿机制可简单概括为由处在流域下游受益地区的政府和居民对处在上游地区做出水土保持和环境维护等贡献的居民进行一定程度的货币补偿,以实现上游地区水土保持、下游地区稳定供水的目标,美国 Catskills 流域水土保持补偿机制即是这一方案的典型代表。Catskill 山上的河流一路向北,为纽约市供应水资源,但在 20 世纪 80 年代末期,大规模的农牧业活动造成了 Catskills 流域的水质下降。根据美国环保局的要求,如果通过水过滤技术对纽约市所有地表水进行人工处理,这项投资每年将高达六十亿到八十亿美元。但如果换一种方式,通过购买 Catskills 流域上游区域的经过生态系统保育而产生的多种景观服务,在未来 10 年只需累计投入十亿到十五亿美元,后者大大减少了政府的环境费用支出。① 因此,纽约市便通过购买生态系统服务的方式保障了城市供水质量,Catskills 流域的生态环境也因此受益,但这一方案实施的前提在于明确的土地产权制度。

2. 政府采购生态系统服务补偿机制

政府采购生态系统服务是指为了改善生态环境质量,政府将本应由自身承担公益性的生态产品、生态工程和生态管护等事项,通过土地产权交易、经济补助、合同外包、特许经营等方式,交给有资质的企业和社会组织来完成,并根据择定者或者中标者所提供的生态产品与服务的数量和

① 朱桂香.国外流域生态补偿的实践模式及对我国的启示[J].中州学刊,2008(05):69-71.

质量，在绩效评价基础上支付费用的制度安排。① 政府采购生态系统服务补偿机制在实践中除了有助于减轻政府环境保护压力还可以激发企业和社会组织保护环境的积极性。

法律规范层面，美国没有单独的绿色采购法，《联邦采购条例》规定各机构必须"最大限度地使用对环境有力的产品和服务"(基于环保局发布的指导方针)。在实践过程中，美国农业部实施了一系列的包括土地休耕、野生动植物栖息地以及湖泊湿地保护等保护计划，其基本都属于通过政府向农户购买景观服务的方式来激励和引导农民们主动参与生态环境治理的补贴项目。高度法治化的采购依据、完善的采购目录、多样化的采购方式、规范化的采购程序、市场化的采购价格、健全的监督机制使政府采购生态系统服务补偿机制成为非常有利于环境管理和生态补偿的工具。

3. 水权生态补偿机制

水权是指使用水资源的权利。美国跨流域调水水权生态补偿机制被广泛应用，加利福尼亚州即是这一方案的典型代表。该州首先通过法典的形式确定水权，进而通过"水银行"的方式进行市场化交易，最终实现生态补偿与市场交易的结合。

《加州水法典》规定，州内的水资源是州内全体人民的共同财产，可通过法律规定获得水资源的使用权利。1922 年，加州在《科罗拉多河协议》中形成分水方案，后来又分别在 1928 年的《波尔得峡谷工程法》以及 1931 年的《七边优先权协定》等中一步步获得水权份额，并在 2002 年同意购买灌区 160 万英亩英尺水量，以较高的价格出售给该州南部。并以"水银行"为中介来进行跨流域调水水权转让。"水银行"根据受水区水资源状况，联系水量节余或不足的用水户，充当其水权流转的媒介，它将每年来水量按水权分成若干份，凭借股份制形式对水权进行管理。水权节余者存储剩余水权从中获益，需水者支付相应费用购买水权，满足其用水需求。加州通过"水银行"这一市场化的运作机制，发挥了用水户参与的积极性，实现了不同地区间水权的流转。在蒙大拿州，水资源属于州所有，由州的人民代表州来行使所有权。另外美国的科罗拉多州关于水权的规

① 蔡天健.政府采购环境治理服务：美国经验与我国策略[J].经济纵横，2018(11)：64-65.

定也和加州、蒙大拿州类似，[①]使用水资源应按规定交纳水资源费，水权转让主体只需办理有关手续，即可买进水权或出售多余的水权。

二、澳大利亚调水工程生态补偿制度实践

澳大利亚联邦（以下简称澳联邦）由澳大利亚大陆和塔斯马尼亚岛组成，其国土面积大，中西部为内陆地区，干旱少雨，北部及东南沿海湿润多雨，人口密集，经济发达。墨累河流域是全澳大利亚流域面积最大的地区，该流域经济发达但缺水严重，为保证经济社会发展，当地大力开发水资源，从而造成了墨累河及其支流马兰比吉河下游生态环境逐渐恶化，水质变差水量不足。[②] 为解决墨累河以及支流马兰比吉河流域经年累月的水资源短缺问题，澳联邦决定开发并利用附近雪山河的充足水资源，并于1949—1974 年间修建了闻名世界的雪山工程，通过雪山工程向墨累河和马兰比吉河输水，解决流域内水安全问题，同时对流域内的农业、旅游业、制造业、采矿业等行业均做出了重要贡献。

（一）澳大利亚典型调水工程简介

澳大利亚雪山位于新南威尔士州东南角的南阿尔卑斯山中，在提供清洁水源、农业灌溉、水力发电等方面具有极大潜力，雪山水资源的有效开发能够极大缓解澳大利亚局部地区电力供应的缺口，同时满足农业生产方面日益增长的用水需求。澳大利亚雪山工程包括两大调水系统：北部的雪山河—图默特河调水工程和南部的雪山河—墨累河调水工程，[③]其主要是在雪山河及其支流上修建水库，通过隧道或明渠，将本该南流入海的雪山河河水拦蓄起来调入内陆城市和干旱的平原地区。雪山工程水电装机容量为 374 兆瓦，耗资 9 亿美元，主体工程包括 15 座大坝、7 座发电站、2 座泵站、135 千米隧洞和 76 千米的引水渠。[④] 雪山调水工程凭借其独具的自然地形和水文条件，将调水功能与其他功能巧妙地结合起来，实

---

① 林厉军.水权的界定及其法律性质分析[J].广西政法管理干部学院学报，2007(04)：96-100.

② 魏昌林.澳大利亚雪山调水工程[J].世界农业，2001(11)：29-31.

③ 阎存立.澳大利亚农业水利建设概况和经验及其借鉴[J].水利规划，1998(3)：3-5.

④ K·E，焦赫森，F·C 米日诺，陈肇和，等.澳大利亚内地灌溉和发电用的大型雪山调水工程[J].海河水利，1983(S2)：13-23.

现了水资源的高效利用，澳大利亚雪山调水工程在国民经济发展中占有极其重要的地位，①实现了经济效益、社会效益和生态效益的有机统一。在经济效益方面，大量水资源用于受水区的农田灌溉和畜牧养殖业，促进了墨累—达令盆地农牧业的发展；在社会效益方面，雪山工程拦蓄河水建造的数个水力发电设施产生的巨大发电效益，将清洁的水电能源远距离输送到堪培拉与悉尼等澳大利亚重要城市，缓解了这些城市的电力危机；在生态效益方面，雪山工程注入墨累河和马兰比吉河水系的水量可以起到削减洪峰、控制河水盐度，增加旱时河流径流量等积极作用。雪山调水工程沿线为调蓄水量建造了 16 座规模不等的水库，这些水库形成的旅游区也为当地居民提供了休闲娱乐场所，进一步发挥了生态环境改善带来的溢出效应。在雪山河河水调入地增加的生态用水，使得西部受水区水质和卫生条件较之前大为改善，极大提升了当地的整体环境质量。澳大利亚雪山工程在近几十年来产生的巨大效益得益于多方面的制度保障，如工程实施与运营过程中的高效管理、先进的科学技术运用、配套的经济政策和环境政策以及行业团体等社会组织的大力支持。

（二）澳大利亚调水工程生态补偿法律政策体系

同美国一样，澳大利亚在实践中极其重视跨流域调水工程的法律和制度保障，关于调水工程建设规划、管理机构设置、人员职能划分、水资源运行调度、区域水量控制与分配、供受水区水事纠纷的处理等都有相应的法律规范。总体而言，澳大利亚调水工程的法律政策体系包括联邦层面、州层面和流域层面三个部分。

1. 联邦层面

澳大利亚联邦宪法，从整体上设立了澳联邦和州之间的权力配置格局，联邦及各州议会在三权分立的原则下，依联邦及各州宪法，履行各自的立法权限。澳联邦政府在雪山调水工程中通过立法分开了水权与土地所有权，规定联邦内所有水资源（包括地下水、地表水和降水等）是公共资源，属于州政府所有，州政府有权利管理工程用水和水权分配。对跨州河流水资源的使用，联邦政府协调有关各州达成分水协议。从州到城镇、灌

---

① 王常让，邓温聪.雪山工程的开发和管理[J].东北水利水电，1993(11)：16-17.

区以及农户水权被层层分解。水权的分配由早期的申请水权的做法逐渐演变为实行水权的拍卖，通过水市场的交易和转让取得水权。调水工程是水资源使用权的再次分配，调水量等在联邦政府的协调下，由相关各州根据协议确定。① 除此之外，一方面，委员会统一负责水源和调水工程的管理，统一调度管理模式最大限度地保障了雪山调水工程综合性目标的实现。另一方面，具体项目运营通过政府控股下的股份制企业经营，实现了所有权与经营权分离，调水工程市场化运营提高了企业和资本的运作效率。政府通过具有法律效力的授权实现对供水公司的管理，一般是采用财务审查的方式进行监管。供水公司自身不拥有水权，它无权向无用水许可证的需水户供水。

为了更加明确联邦和州政府之间关于水资源管理权的归属，进一步统筹管理水资源以及调水工程等，2007 年澳大利亚按照流域综合管理的理念制定了《水法》，以立法的方式规定各个州将部分水资源管理权转移至联邦政府，其主要内容包括：①建立了具有独立性、以专家为基础的墨累—达令流域管理局；②解决调水的水资源过度配置的问题；③通过水权建立水市场，实现良好健康的环境；④通过扩大联邦气象局，在全国层次增加水资源信息的数量和质量。② 墨累—达令流域管理局是联邦政府的独立机构，协调流域的各项工作，③该机构负责制定全流域的整体规划，将各州分别制定的规划进行整合，明确各州可利用的水量，并对用水需求进行排序。总体而言，澳大利亚《水法》的核心部分就是对流域规划、水市场的建立和水权交易、水权信息服务、水资源费征收等管理手段进行规定。④ 澳大利亚 2007 年《水法》的颁布和实施，基本实现了水资源全流域的综合性规划。

2. 州层面

澳大利亚各州具有较为独立的立法权，拥有各自的宪法、立法、司法

---

① 李学森，于程一，李果峰.澳大利亚雪山调水工程管理综述[J].人民长江，2008，39(6)：109-110.

② 胡德胜，肖国兴.澳大利亚水资源法律与政策[M].郑州：郑州大学出版社，2008：26.

③ Australia Water Regulation(2008)，具体参见 Part 2 — Division 2.1。

④ 王树义，吴宇.中澳流域规划法律性质及其利益预分配功能之比较分析[J].甘肃政法学院学报，2010(4)：98-104.

和行政组织机构，各州除不能在关税、消费税征收、国防领域立法外，均可不经联邦议会同意而进行立法，只是州法与联邦法律相抵触的部分视为无效。在水资源管理方面，澳大利亚各州对水资源管理高度自治，各州都有自己的水法及水资源委员会或类似的机构，尽管机构名称不尽相同，但基本职责是一致的。各州根据《水法》，负责水资源的评价、规划、分配、监督和开发利用，建设州内与水资源有关的工程。各州对水资源管理的规定，主要集中在水权、水资源配置和水资源开发利用三个方面，例如，南澳大利亚州为实施 2004 年《关于国家水资源行动计划的政府间协议》而通过的《自然资源管理法》是南澳大利亚州最主要的水资源管理法律，其将水权规定为："依水生态系统享有的一种合法的水权"。各州的水资源立法包含以下特点：第一，州层面的立法一般都是依照联邦政府针对水资源管理的相关政策进行的，[①]在联邦立法的基础上各州根据当地的情况进一步细化联邦立法的规定，同时增强法律条款的可操作性；第二，重视运用经济手段，除了设立负责实施的专门机构，还有借助市场的力量以达到水资源利用充分、高效的目标；第三，重视公众力量，鼓励公众广泛参与。

3. 流域层面

澳大利亚水资源管理的一个特色和经验是进行流域管理。在澳联邦分水协议的引导之下，澳大利亚国内的流域水资源得到较为充分的开发和利用。2008 年的《墨累—达令流域改革谅解备忘录》进一步完善了联邦和州之间的权力划分关系，将该流域水资源开发利用的规划权大范围赋予墨累—达令流域管理局，明确了流域内各州对所辖区域的水资源管理的自主权。《墨累—达令流域改革政府间合作协议》进一步明确了在联邦和州伙伴关系框架下，将流域内的水和其他自然资源作为整体进行规划和管理。[②] 流域规划为流域管理提供了方法，墨累—达令流域管理局负责编制或修订流域规划，墨累—达令流域管理局在编制或修订过程中要与流域内各州、流域官员委员会、流域社区委员会进行协商，还要就流域规划草案或修正案征求流域内各州和公众的意见，并请墨累—达令流域部

---

① Australia Water Act(2007)，具体参见 Part1A 18B。

② 和夏冰，殷培红.澳大利亚水管理法律规定及启示：基于《水法》[J].国土资源情报，2017(12)：15-20.

级理事会评议,最后提交联邦水资源部部长批准。流域规划是一个动态规划,将根据实际执行情况进行周期性的回顾、评价与修订。

(三) 澳大利亚调水工程生态补偿管理相关规定

澳大利亚雪山水电工程的管理模式向市场化方向发展,大大提高了项目管理的效率,在管理手段上大量采用的高科技和信息化手段,为建设和运营过程中的生态补偿机制提供了翔实的量化数据,在管理中公众参与度的重视使工程的建设运营具备了良好的社会公众基础。管理上的规范与创新为生态补偿机制提供了经济基础、数据支撑和民意基础,对管理模式的充分考察与研究有助于掌握澳大利亚调水工程的制度全貌。

1. 调水工程的管理体制

1947 年,澳联邦政府与沿河的新南威尔士州和维多利亚州的代表们组成了一个委员会,该委员会基于国家利益观点报告了雪山地区水资源开发利用的潜力。正是基于该委员会做出的报告,澳联邦政府在 1949 年建立了雪山工程管理局作为专门的管理机构参与该项目的建设运营。澳大利亚雪山工程由雪山工程管理局负责工程的详细调查、设计与施工。工程建设好之后交给雪山水利有限公司进行运营管理。澳大利亚当局在调水工程的管理方面将创新性的市场化运作管理模式体现得淋漓尽致。联邦政府负责监督指导雪山水利有限公司有关水的经营与管理,雪山水利有限公司通过提供水生态服务,自主经营,自负盈亏,并通过市场融资获得自身发展,用水消费者协会参与水管理,包括参与水价制定的全过程。① 为提高公众参与工程监督和管理的积极性,雪山水利有限公司每年会面向公众公布年度财务报表和供水价格曲线,并通过多种手段来宣传水资源的相关知识与信息。

首先,澳大利亚雪山工程在流域管理上采取和企业等市场主体合作的模式。在水资源管理方面,以水文流域为单元统一配置水资源,流域管理委员会代表政府统一行使流域水资源管理的行政职能,最终与灌溉协会或供水公司相衔接。流域各级水服务机构均向公众公布年度财务报告和供水价格测算结果,宣传水知识和有关信息,以便公众能真正参与管理。

---

① 李学森,于程一,李果峰.澳大利亚雪山调水工程管理综述[J].人民长江,2008,39(6):1-2.

其次，在灌溉工程管理上，澳联邦的总体目标是使工程具备独立生存的能力，目前，大部分的灌溉工程已渐渐从由政府机构管理转化为私人组织或者企业经营，但在逐步转变过程中，澳联邦也采取了些许必要的保障措施来保证灌溉工程的顺利和良好运营。州政府鼓励原先具有一定管理经验的灌溉工程的公职人员从政府机构分离，并在市场上成立灌溉工程管理公司作为一个单独的企业来运行；在工程的扶持政策方面，为了工程管理、设备维护与环境保护，政府会根据水利工程的实际状况和年效益，在与管理者谈判的前提下，给予管理公司持续的财政补贴；在财政补贴额度方面，澳大利亚调水工程数量较多、规模不一，因此每个工程的补贴金额都要经过独立谈判和单独核算。

最后，在信息化管理系统上，澳大利亚雪山工程采取现代信息化管理系统，全部工程系统实现现场无人值守，通过在调水工程中广泛应用水资源信息监控与数据采集计算机自动化技术（即计算机遥测、遥控、遥信、遥调等四遥技术），把现场实测信息传达到监控中心，根据调度管理模型控制电站、泵站、大坝的运行状态，并把电力市场运作系统与工程监控管理系统相连接，对全部工程实行计算机监控与运行管理，①这在大量节约成本的同时还提高了管理调度的准确性和实时性。②

流域管理、灌溉工程管理、信息化管理等的协调运用，目标是在法律与自然约束条件下优化利用可利用的水来发电和灌溉。这些目标是通过一系列相互关联的程序来实现的，这些程序包括了各种各样的时间周期，其中还涉及水的可用程度、河水流量的变化、用电量和灌溉用水量的需求、保养要求、洪水泛滥的限制、调节系统的水力限制以及法律权利。

2. 调水工程的环境管理

澳大利亚雪山工程产生了巨大的效益，但由于工程规划者在工程建设和运行初期对可能导致的生态环境变化预估不足，也出现了一些负面影响，如输水流域流量减少、自然灌溉能力降低以及受水流域下游出现河岸侵蚀等。为了将由澳大利亚雪山提供的优质水资源形成的生态系统服

---

① 李学森，于程一，李果峰.澳大利亚雪山调水工程管理综述[J].人民长江，2008，39(6)：1-2.

② 聂艳华，刘东，黄国兵.国内外大型远程调水工程建设管理经验及启示[J].南水北调与水利科技，2010，8(1)：148-151.

务维持在较高水平，澳联邦实施了一系列环境政策，如颁布《墨累—达令倡议》，依据该倡议，政府与当地社团达成协议并制定了管理框架，以高效、平等、可持续的规划协调和管理流域水资源。具体来看，澳大利亚雪山工程中的环境保护主要体现在以下几个方面：

首先是雪山国家公园的生态保护。雪山水电工程的特殊性在于其大部分主体工程位于雪山国家公园以内，因此部分法律法规或协议的条款旨在保护国家公园内的自然生态系统不受破坏，比如防止土壤冲刷和水土流失、防止河道泥沙淤积、防止林火、预防自然公园内的水体污染以及保护流域面积等。除此之外还有其他的环境措施，如借土区、道路以及其他挖方工程区域的生态修复、清除外来入侵的植物、禁止放牧和抓捕动物、控制野兔种群数量、控制区内重要树种病虫害传播、定时进行水质检测和泥沙量测量、对高海拔地区由受到极端气候而多次冻融循环导致的土壤侵蚀和剥落实施水土保持措施等。

其次是雪山工程的水质安全保障。澳大利亚雪山工程管理局认为，加强雪山水电工程水源区与输水干渠水质的综合管理是确保调水水质安全的重要保障。因此，为保障雪山工程水源区和输水线路中的水质安全，澳大利亚政府和雪山工程管理局采取了一系列保护手段，包括以水资源可持续利用为指导原则，实施水源区生态环境管理、水土流失预防和水土保持，严格控制农牧业用水量，实时监测计算机系统，科学调度和分配水量等措施来加强水质保护。在调水工程水源区，一方面，澳大利亚政府在雪山工程的水源区和集水区持续不断地投入大量资金用以购买水源区蓄水库区周围大面积的土地，并在适宜的区域建立国家公园作为娱乐休闲区。另一方面，澳大利亚政府规定在水源区蓄水库区周边严禁农业生产以防止水土流失、避免水体富营养化。同时也重视水土保持工作，通过生态环境的保育来保护植被，防止有害有毒化学物质进入水库污染水体。在调水工程沿线地区，为了避免农牧业灌溉和排水把化肥、农药、杀虫剂、有机质和无机盐等面源污染物带入输水干渠，法律规定相关区域的州政府和流域管理委员会不再签发新的农牧业取水许可证，并且为了降低农业灌溉用水造成的水资源浪费和水资源污染，州政府进一步提高了灌溉用水的水价。

雪山工程管理局保障水质安全的另外一个重要手段是利用现代计算机云管理技术和现代科技数据技术，对水源区和输水干渠的水质进行实时监控，同时发动团体组织和社会力量对其他不可预知的偶然事故所造成的污染进行及时报告，对偶然出现的紧急水污染事故进行应急处理，最大限度减少经济损失，确保供水水质安全。

（四）澳大利亚调水工程具体生态补偿措施

为了降低雪山工程建设及运营可能对水源区和沿线地区造成的环境污染和减少生态破坏，保障区域生态环境的良好发展，避免生物多样性遭受侵害，澳大利亚实施了一系列的生态补偿措施，其中最具代表性的是政府直接支付制度、水分蒸发信贷制度以及生物多样性银行和抵消计划。

1. 政府直接支付制度

澳大利亚为保护雪山调水工程涉及的水资源及其周边生态环境，由政府出资修建了诸多水库并形成了国家公园，后来便将类似措施统称为政府直接支付制度。政府直接支付制度依据的是 1986 年澳大利亚颁布的《环境保护法案》，该法案规定了环境生态效益保持的相关要求，并明确规定了预防、减少和控制生态破坏与环境污染的方法与措施。依据澳大利亚《环境保护法案》的规定，商品和生态系统服务的使用者必须基于提供商品和生态系统服务的完整性以及整个生命周期支付对价，其中包括使用自然资源和生态财产以及废物的最终处理。该法案在确保生态环境平衡、维持生物多样性和保持生态系统再生产能力等方面发挥了重要作用。为避免澳大利亚雪山调水工程水源区和沿线区生态环境遭受破坏，政府规定在国家公园内只提供旅游观光服务，禁止发展其他产业，①由联邦政府及获益的州政府支付禁止发展其他产业可能遭受的机会成本。澳大利亚的生态补偿政府直接支付制度消除了调水工程生态保护领域的“市场失灵”等弊端，最大限度保障了调水工程顺利稳定运行。

澳大利亚调水工程的生态补偿模式还包括基于市场机制的流域生态补偿制度，该制度是政府直接支付制度的重要补充，其核心是由生态开发受益者与生态补偿实施者通过协商谈判确定补偿方式和数量。而市场协

① 郭全其，郑恩才.世界跨流域调水工程一瞥[J].地理教学，2006(6)：7-10.

商主导模式又包括市场化运作模式和生态产品认证两种方式。

2. 水分蒸发信贷制度

澳大利亚雪山工程受水区全部位于墨累—达令河流域，该流域因为伐木过度，出现了严重的水土流失问题，政府因此实施了水分蒸发信贷制度。[①] 该制度在实践中体现为由新南威尔士地区的多家造成区域水土流失的农业经营企业或公司联合向新北威尔士地区的农业部门支付水体流失费用，该费用用于植树造林，水土保持。《支付费用法》规定，根据在流域上游建设100公顷森林的蒸腾水量，向州林务局购买盐分信贷，从而实现比较精准的计量支付。[②] 该规定有效解决了由新北威尔士地区森林植被覆盖不足导致的水土流失问题，降低了水土流失对下游新南威尔士地区农业种植经营活动的影响。总的来说，澳大利亚水分蒸发信贷的对象是水质保护，其制度实施的前提在于明确水资源供给双方的产权和相关各方的权利义务，这使得生态服务交易具有完备的规则体系。与此同时，其生态补偿制度效果的发挥，还需要政策和市场的配合以及政府和企业的合作。

3. 生物多样性银行和抵消计划

为了维持澳大利亚新南威尔士州的生物多样性，保护野生濒危动植物物种免遭侵害，澳大利亚当局还实施了生物多样性银行和抵消计划。该计划依据澳大利亚的《环境保护和生物多样性养护法》以及2007年颁布的适用于环境抵消的政策文件，这些法律政策共同对环境抵消这一针对开发活动剩余环境影响进行补偿的措施进行了规定。抵消是指当对人类活动产生的环境效应采取了措施以后，仍然不能达到消除不利环境影响的目的，这种情况下才予以考虑的措施，包括直接的抵消和其他补偿措施两类，直接的抵消是直接针对受影响的保护目标开展的，而其他补偿措施则是针对那些并非直接受影响的保护目标而实施的有力措施，如对突出贡献人员给予补贴或者资助相关学者的科研项目等。

---

① 刘以，吴盼盼.国外林业生态补偿研究综述[J].劳动保障世界，2011(16)：60-62.

② 冯俏彬，雷雨恒.生态服务交易视角下的我国生态补偿制度建设[J].财政研究，2014(7)：11-14.

生物多样性银行和抵消计划基于生物多样性信用额交易，实质上是一个管制型信用额度市场。① 根据澳大利亚《环境规划与评价法》的规定，一些开发建设项目和工程在建设前期需要进行生物多样性影响评价，并且要对项目实施过程中造成的生物多样性损失进行抵消，而根据《环境保护和生物多样性养护法》，抵消应在环境影响评价阶段予以考虑，抵消措施的适当性被作为项目批准的考虑因素。在环境影响评价过程中，首先要确认活动是否会对保护目标产生重大环境影响；其次考察是否采取了合理的措施防止和减缓环境影响；再次评价剩余影响的强度；然后评估抵消措施是否适当、可行（澳大利亚生物多样性的《抵消评估指南》明确了该政策的相关要求和适当性的标准，供开发利用者参照）；最后综合考虑活动的社会经济因素和环境影响，确定该项活动能否被接受，进而做出批准与否的决策。生物多样性银行和抵消计划的目的是利用生物多样性信用额度交易市场来帮助开发项目补偿其所造成的生物多样性损失。①具体操作包括：首先采用生物多样性银行评价方法对开发项目进行评价，确定项目对生物多样性的影响大小及抵消其影响所需要的生物多样性信用额度的种类和数量。然后，开发项目可以通过在市场上购买相应种类和数量的信用额度来补偿其所造成的生物多样性损失。同时，进行恢复和保护自然植被等活动的土地所有者，可以向该计划申请评价和核算所产生的各种生物多样性信用额度。②

三、西班牙调水工程生态补偿制度实践

西班牙地处欧洲西南部，境内多山，西北部和北部属温带海洋性气候区，湿润多雨，中部大陆属季风气候区，四季分明但略微干旱，南部和东南部为地中海气候区，较其他地方干燥少雨。与我国水资源分布状况相似，西班牙的水资源时空分布不均，部分地区资源性缺水严重。自 20 世纪初以来，城乡用水竞争导致矛盾加剧。1926—1928 年，西班牙的农业灌溉商

---

① 中国林业网.澳大利亚土地退化防治的国家澳大利亚森林生态补偿理论和实践[EB/OL].(2013-07-02).http://www.docin.com/p-2035177811.html.

② 陈克亮，张继伟，姜玉环，等.中国海洋生态补偿立法：理论与实践[M].北京：海洋出版社，2018：25-26.

和城市统治者在瓦伦西亚发生冲突，农民组织了大规模的示威游行来捍卫自己的用水权利。到 20 世纪中期，西班牙通过兴建大坝拦蓄水资源、建造水库等土木工程来协调不同地区用水需求，以至于当时大坝的建设量增加了十倍之多，如今西班牙拥有超过 1 000 个大坝和水库，覆盖了西班牙国土面积的 5%以上。[①] 在过去的 30 年间，随着社会经济的繁荣，区域用水需求超过了流域的蓄水能力，也带来了一定的社会负担，而社会环保意识的不断增强也使得西班牙水资源供需管理方式和政策导向成为社会争论的焦点。海水淡化和污水再利用等非传统取水的方法作为辅助手段，虽然在一定程度上缓解了缺水区域的水资源需求，但并不足以弥补水资源不足给西班牙社会经济发展带来的不利影响，因此，流域间调水俨然成为解决区域水资源结构性不均衡的首选方案。之后，西班牙国内建设的部分调水工程取得了巨大的成功，其根据区域空间差异性特征因地制宜地解决当地的水危机，运用灵活的调水和用水机制来适应不断增长的用水需求，其实施的具有公平性和一致性的调水政策为西班牙水资源均衡调配提供了制度支持。

（一）西班牙典型调水工程简介

西班牙国内具有代表性且影响范围广泛的调水工程包括地中海（瓦伦西亚地区）城乡间调水工程、塔霍河—塞古拉河调水工程、埃布罗—塔拉戈纳调水工程、纳格日提河—阿尔曼索拉河调水工程、瓜迪亚罗河—瓜达勒特河调水工程、胡卡尔河—维纳洛波河调水工程。[②] 这里着重介绍塔霍河—塞古拉河调水工程和埃布罗河流域调水工程。

1. 塔霍河—塞古拉河调水工程

塔霍河—塞古拉河跨流域调水工程是西班牙国家水文计划的主要工程之一，也是在国内建成的首个工程。该工程于 1969 年动工，1979 年启用，其主要目的在于解决西班牙东南部盆地的供水问题和由此产生的区域生态系统退化问题。塔霍河—塞古拉河跨流域调水项目将西班牙中东

---

① STUART R D, TAYLOR R. An assessment of Spain's Programa AGUA and its implications for sustainable water management in the province of Almería, southeast Spain[J]. Journal of Environmental Management, 2007, 82(2): 277-289.

② A.莫利纳，朱庆云.西班牙水资源短缺问题及水政策取向——调水、海水淡化和污水再利用等方案之间的平衡[J].水利水电快报.2017(10)：13-17,21.

部的塔霍河河水引向塞古拉河并调至东南部的地中海沿岸地区，塔霍河—塞古拉河调水项目是一项包括渠道、大坝、泵站以及其他专用建筑物在内的综合性水利基础设施和大型土木建筑工程。近年来，塔霍河—塞古拉河调水项目保证了许多城镇(如阿利坎特、穆尔西亚、卡塔赫纳市、埃尔切等)的供水。不仅如此，该项目还大力推动了塞古拉河流域农业规模的扩大，其输水干渠将塞古拉、胡卡尔和苏尔流域等原本独立的地理单元连通起来，在一定程度上促进了这几个流域的联合发展。其中连接塔霍河与塞古拉河的干渠的主要功能是保障农业和城市供水。该调水工程给塞古拉河流域的农业发展带来了前所未有的机遇，增加的农业作业极大地拉动了该区域人员就业。[①]然而，近年来，塔霍河—塞古拉河调水工程的各方相关利益者产生了激烈冲突。西班牙当局正在为该输水项目的持续管理和运行积极寻找替代方案。

2. 埃布罗河流域调水工程

为了改善西班牙国内公共领域的水资源状况，西班牙当局计划通过保护水质清洁、节约用水等措施解决水资源短缺和水污染问题，从而进一步协调水资源与其他自然资源之间的关系，实现水资源的供需平衡。同时，通过合理、可持续、公平地开发利用国内有限的水资源并对其实施供水管理，以满足当代和未来的用水需求。1996 年 3 月，西班牙国会提出了《国家水文计划》，该计划提出为缓解西班牙最为干旱的东部沿岸地区的供水压力，将埃布罗河的河水调向东南部地中海地区，并进一步连通埃布罗、胡卡尔、塞古拉和苏尔流域。2001 年 7 月 5 日，西班牙国会又颁布了《国家水文计划》2001 年第十号法案，该法案将埃布罗河下游调水计划作为其中一项重要内容，但是该调水项目在 2005 年即被新一届西班牙议会取消了，同时 2001 年《国家水文计划》的大部分内容也被废止。新政府(社会党)上台后，在协调区域水平衡方面通过了《皇家法令 2/2004》，并通过《水管理和使用行动方案》确定了基于海水淡化和污水再利用的新政策，即主要通过海水淡化来增加水资源供应。目前仍在运行的埃布罗河调水项目共有七个，这些项目许可的年代大部分都很久远，每年向西班牙北部地区较小流域送水约 300 立方百米。这些项目可以在西班牙与法国之间，或在卡罗尔河与阿列日河之间进行双向调水。其中之一就是向坎普德塔拉戈纳调水，该项目是唯一一个具有单独法律框架的项目。[①] 根据法律规定，向坎普德塔拉戈纳调水主要用于灌溉、城市供水和工业用水，且最大调水量约为每年 120 立方百米。

（二）西班牙调水工程生态补偿法律政策体系

西班牙的水资源属于国家所有，在水资源的管理上形成了国家层面管理、流域层面管理和自治区层面管理三方并存的管理体系。西班牙国家规划由公共工程、运输及环境部与其他各有关用水部门共同负责编制，需要以议会通过法案的形式予以批准，[②]因此议会构成的变化或执政党的交替会对相关法案及其内容产生决定性的影响。

1. 国家层面

西班牙是单一制国家，行政权划分为中央政府、自治区政府和地方政府三个层次。1978 年《西班牙宪法》(以下简称《宪法》)规定的一般性管理框架中，一些规定涉及水管理和行政管理。《宪法》的第一百四十八条规定了自治区的职能，进行自治区的环境保护管理以及相应的水利、灌溉等的规划；《宪法》的第一百四十九条规定了国家享有的专属管辖权，包括当水流过一个以上自治区时，对水资源的使用进行立法、管理和特许经营的权力，以及在不影响自治区建立附加保护标准的前提下对环境保护进行基本立法的权力。《宪法》中并未对地方政府的职能进行明确规定，但地方政策部规定了地方政府在所管辖范围内的水资源的管理权限。总体而言，西班牙是以流域为单元实行水行政统一管理的。[③]

1985 年的《西班牙水法》(以下简称《水法》)是西班牙对水资源进行规范和管理的基本法律文件，也是水资源政策制定和跨流域调水工程建设的指引。它的主要原则是，所有大陆水都属于公共领域，但地下水除外。《水法》规定国家权力，其第十九条规定跨地区流域将拥有履行成立流域管理机构的职责和职能。这些流域机构被称为水文联合会，其法人资格

---

① A.莫利纳，朱庆云.西班牙水资源短缺问题及水政策取向——调水、海水淡化和污水再利用等方案之间的平衡[J].水利水电快报，2017，38(10)：13-17，21.

② 刘强，殷大聪.国外跨流域调水管理对我国水资源配置的启示[J].人民长江，2011，42(18)：111-116，121.

③ Spanish. Constitution[DB/OL].（1978－12－29）. https://www.lamoncloa.gob.es/espana/leyfundamental/Paginas/index.aspx.

不同于国家机构，行政关系上隶属于公共工程及城镇规划部（现为环境部），有完全的自主权。西班牙关于水立法的另一个重要特征是赋予用水者特别是农业用水者的关键地位。1985年《水法》第七十三条规定，水资源使用者必须建立一个用水户协会或为农业用水户建立用水共同体——农业用水者协会。该协会具有同自己平等的法律地位，并受到经用水户和流域管理局批准的法规的约束。①

2. 流域层面

根据西班牙法律，西班牙国内调水不仅是取水许可证持有人之间的水权交换问题，且涉及两个流域间的取水受水问题。根据《水法》，调水需要特别的授权法案，也就是《国家水文规划》。《西班牙法令10/2001》批准了首部《国家水文规划》。《国家水文规划》非常支持跨流域调水活动并制定了埃布罗河流域与地中海流域间调水的法律框架。遗憾的是，几年之后《西班牙法令2/2004》号令废止了《国家水文规划》中的大部分内容，调水计划被束之高阁。然而，新版的《国家水文规划》依然保留了各地区互助的原则，以及调出地区优先、环境可持续性、经济合理性及成本回收等管理调水的重要原则。② 且流域规划由流域机构或其上级主管机构负责编制，中央政府批准，流域规划要与国家规划协调一致。③《皇家法令15/2005》允许不同水文规划区域通过水权合同进行调水。从严格意义上讲，没有水权，有的只是暂时的公共特许权，授予持有人使用一定量的水的权利。如果用水量不足或不合理，流域主管部门可以取消这些特许权并将其重新分配给其他用户。①

根据1985年《水法》规定，凡范围超出一个自治区界限的江河流域，均应建立具有本法规定职责的、特定的公共管理流域机构。该流域机构的基本职能是编制、执行和修订流域水文规划，还有对水资源的使用、收

---

① STUART R D, TAYLOR R. An assessment of Spain's Programa AGUA and its implications for sustainable water management in the province of Almería, southeast Spain[J]. Journal of Environmental Management, 2007, 82(2): 277-289.

② A.莫利纳，朱庆云.西班牙水资源短缺问题及水政策取向——调水、海水淡化和污水再利用等方案之间的平衡[J].水利水电快报，2017，38(10)：13-17，21.

③ 刘强，殷大聪.国外跨流域调水管理对我国水资源配置的启示[J].人民长江，2011，42(18)：111-116，121.

益、工程等的管理和规划。除了上列职能，流域机构还被授权履行发放用水许可证和用水特许证的职能，对发放水证的执行情况进行检查和监督；还有研究、建设、维护及完善水资源项目的职能，其中包括本流域机构自己的计划项目以及其他机构委托需要完善的项目；以及可以根据流域水文规划来确定水质目标和计划实施方案等。

西班牙的流域水文协会在流域水资源的管理和维护过程中也发挥了举足轻重的作用。依据国家的水资源综合规划和跨流域调水规划战略，流域水文协会担负重要职责，负责相关的跨流域调水工程的实施与管理。如塔霍河—塞古拉河北水南调工程，该调水工程的建设资金均由国家出资，为保障调水工程的顺利开展以及后续工程项目的展开，制定了《塔霍—塞古拉河联合用水法》。[①] 2001 年 7 月 5 日，西班牙国会颁布 2001 年第十号法案，通过了《国家水文计划》。其中，从埃布罗河下游调水的计划就是《国家水文计划》中的一项重要内容。

3. 自治区层面

在西班牙，不同的主管部门对于水管理的侧重点不同。其中，国家水理事会是最高的咨询机构，其职能是报告国家水文计划草案。水文联合会是流域水资源管理的最高权力机构，由自治区、地方和中央主管部门负责进行水质管理。西班牙有 17 个自治区，其主要作用是保护和可持续利用水资源。西班牙在 1926 年创新性地建立了埃布罗河流域联合会组织，这是第一个在西班牙国内创建的水资源保护组织。[①]

根据《水法》，水文规划的目标是满足所有用水需求，实现水部门的平衡和谐并进一步促进区域发展。水文规划可通过增加资源可利用性和保持水质安全以及合理和可持续地利用来实现。西班牙通过所谓的“国家河流恢复战略”，采取一系列措施，防止水体恶化，逐步改善了其生态状况。该战略包括保护公共水域计划（改善渠道和减少洪水灾害的小行动）、恢复河流计划（大型项目）、河流志愿者计划（让公民参与管理河流环

① 刘强，殷大聪.国外跨流域调水管理对我国水资源配置的启示[J].人民长江，2011，42(18)：111-116，121.

境）和该领域的研究计划。[①]

（三）西班牙调水工程管理体制生态补偿相关规定

在西班牙，由9个地区间组织和5个地区组织共同组成的14个流域组织各自独立进行水资源综合管控。流域组织负责管理水事业的发展、地区间分配、水价、用水与排水许可证的授权、水量与水质的监测以及相关政策法令的强制执行等。在这14个流域组织之下，城市及灌溉区还设有专门机构，负责配水、收费以及解决当地可能发生的冲突事件。为了技术与政策的协调一致，西班牙还建立了联邦水资源委员会以及流域水资源委员会。[②]

西班牙水环境以及水资源管理部门有：环境部、水资源委员会、流域机构、水文联合会。其中，1996年设立的环境部统一负责全国水资源管理。水资源委员会成立于1964年，负责进行全面水资源规划，1988年实施改革，1994年其组成进一步实施改组，在行政上附属环境部。流域机构的行政主管单位是国家环境部。[③] 在西班牙，水管理由不同的主管部门执行，国家水理事会是最高的咨询机构，其职能是报告国家水文计划草案。自治区、地方和中央主管部门负责进行水质管理。水文联合会是流域水资源管理的最高权力机构，其主要作用是保护和可持续利用水资源。[①]西班牙埃布罗河流域联合会组织具有极大意义是因为该机构是世界上第一个流域机构。从1926年开始，西班牙就在国内的各流域和小流域群内设立唯一流域机构进行水资源管理，该做法受《皇家法令》的保障，同时法令规定流域联合会组织是具有自治职能的公共机构，具有法人资格，但又不同于州的法人资格。为了便于管理，流域联合会组织隶属于西班牙环境、农村及海洋部。《皇家法令》规定，西班牙国内的流域中，政府需要或者用水需求影响该流域内70%以上的工农业产值时，则应该设立流域联合会组织，流域联合会组织成立的目标之一在于制定和谐有序的流域用水计

① 刘强，殷大聪.国外跨流域调水管理对我国水资源配置的启示[J].人民长江，2011，42(18)：111-116，121.

② 郭培章，宋群.中外节水技术与政策案例研究[M].北京：中国计划出版社，2003：05.

③ 李梦雨，王圣瑞.西班牙河湖水环境保护与治理[J].中国环境管理干部学院学报，2016，26(6)：10-13.

划，根据《欧盟水框架指令》(以下简称《指令》)的指导，西班牙全部政府组织都将精力集中于改善其管辖地域内的水环境，而《埃布罗河流域联盟水文规划》则是这些政府组织间的必要联结。① 较为特殊的是，埃布罗河流域中有很小一部分属于法国和安道尔共和国，因此，其管理受欧盟《指令》的约束。该《指令》要求与埃布罗河流域相关的各国各级政府通过协商联结起来，明确埃布罗河流域的规划以及投资，落实各政府之间的共同责任，制定一致的预算和规划，实现水文和环境规划目标。对于埃布罗河流域在西班牙境外部分的管理，在目前数个国际委员会框架的指导下，多方通过一系列的协调磋商会议对水文环境规划的制定、相关措施的落实等达成共识。对于埃布罗河流域在西班牙境内部分的管理，其责任区域要与西班牙政府、自治区、地方政府的管理区域保持一致。即便如此，仍旧需要建立一个常设论坛来应对埃布罗河流域内部复杂的水管理体制结构。该论坛具有一定的正面影响，例如，通过会谈多方可按照对欧盟的预算和时间承诺以公众参与的方式采纳各种建议措施，从而实现水生态修复建设目标。另外，该论坛在一定程度上将水管理权限决策下放给用户委员会、社会大众，在公众参与方面意义极大。埃布罗河流域联盟的基本任务是实现《水框架指令》制定的目标以及实施水资源分权管理，由此可见，其面临的任务非常复杂。①

西班牙当局针对塔霍河与塞古拉河的联合调度，以及项目的运行结构和财务结构制定了法律。塔霍河—塞古拉中央委员会是该系统的基石，监督该基础设施的运行并协调各流域机构。这一共管的国家机构自主做出管理决策，批复调水项目。关于管理结构，还必须提及两个关键组织，即中央灌溉联合会(CIS，负责农业用途的水用户董事会)和水供应商(MCT，一家从事城市供水的独立国家机构)。2014 年，中央政府与地方政府签订谅解备忘录，根据昂曲皮斯坝和布恩迪亚坝(西班牙中部)的蓄水情况，每年至少向接收方(CIS 和 MCT)供水 600 立方百米，但大坝至少须蓄水 400 立方百米才能送水。该备忘录最终被收入 21/2013 法律以及塔霍与塞古拉流域规划。至此，该调水项目有了法律保证，在符合法律规

① 朱庆云.西班牙埃布罗河流域水文规划方案[J].水利水电快报，2014，35(09)：1-5.

定的前提下,接收方拥有主张调水的权利。① 关于调水成本的收取,塔霍河—塞古拉河调水项目根据 1980 年的相关法律收费。此外,根据 2001《国家水文计划》,该项目所调的部分水量有望用于补充河道环境流量及应对含水层超采问题,因此只要项目设计正确,管理到位,水体的良好水质并不一定会受到损害。经过改进后的塔霍河—塞古拉河调水项目以及最新版塔霍流域规划更加关注环境流量问题,环境流量也受到明确保护。

根据《水法》,为了充分保护水质,西班牙政府被授权划定限制活动的范围和场地,在调水工程水源区以及需要保护的沿线区的河湖、水库等的周围,限制不必要的活动,确保水质不被外界环境破坏。另外,涉及调水工程的流域管理机构也可在水库周围划出一个开发服务区。并且,环境影响评估书的报送范围广,凡是对国有水产业有影响的,以及可能涉及环境风险的用水特许权和许可权的,在申请时必须同时报送。

水资源净化方面,在一个降雨量不足的国家,国家必须采用非常规水资源来满足需求。这意味着在岛屿领域或沿海附近,要通过技术改进获得大量资源,如海水或微咸水的淡化。1964 年,兰萨罗特岛安装了西班牙的第一座海水淡化厂。关于水转移,塔霍河—塞古拉河水转移于 2014 年完成。西班牙的主要水利工程是将塔霍河源头与塞古拉盆地连接起来,为农业和供应提供资源,这有利于干旱的西班牙东南部(阿利坎特,穆尔西亚和阿尔梅里亚)的农业和社会的发展。在净化方面,为了达到国家废水处理社区指令的目标,政府保证在 2020 年之前完成 11 亿欧元的投资。这项投资是通过将"增长,竞争力和效率措施计划"纳入卫生和净化行动中来实现的。②

(四)西班牙调水工程具体生态补偿措施

西班牙调水工程生态补偿的具体措施也与美国和澳大利亚存在显著差异,不同于美国和澳大利亚强调市场机制在生态补偿中发挥的重要作用,西班牙大量采用政府调控的手段进行生态补偿,包括通过财政向特定人员支出经济补偿、政府进行严格的用水审批制度以及政府主导的水资

① A.莫利纳,朱庆云.西班牙水资源短缺问题及水政策取向——调水、海水淡化和污水再利用等方案之间的平衡[J].水利水电快报,2017,38(10):13-17,21.

② 苏颜.西班牙的环境保护与国际合作研究[D].青岛:青岛大学,2019.

源有偿使用制度等。

首先，是补偿金或补助金制度。技术工艺的改进、机器设备的更新、技术人员的引进等使得用水量或者需水量减少，又或者是这些措施使得水污染明显改善的，相关部门给予相关人员一定金额的补偿金或补助金。这些措施促进了节水设施的改进和完善，为流域水资源的管理提供积极帮助。同时，对于为了维护水环境而造林、参与脱盐和污水净化工作的人员、改进净水工艺方法的人员、安装污水循环利用系统的人员以及参与相关科学研究的工作人员等相关部门也给予一定金额的经济补偿。

其次，《水法》规定，机构或者个人凡使用调水工程的水资源时都需要办理预先审批或申请特许权的手续，且都必须支付一定的费用，费用由流域机构代表国家征收并用在保护和改善调水工程水资源方面；另外还有预先报批制度，即对于可能造成水污染以及有污水和固体废弃物的排放的项目、活动、规划等，都必须预先经过报批，经机构批准后，需支付排污费才允许污水排放，排污费由造成污染的单位承担，排污费金额以排放的污水中污染物含量为指标来计算，流域机构征收的排污费同样用来保护和改善流域水环境。

最后，《水法》规定，所有从国家全部出资或部分资助而修建的水资源调节设施中得到益处的用水户，均应支付一定额度的补偿金、水调节设施使用费和设备维修费。凡从国家全部资助建设的其他特殊水利设施（包括国有水产业的整治工程）中获益的用水户，应当为他们的取水、用水支付一定的补偿费用和弥补这些设施的使用费和维修费，或是通过特别程序强制收缴欠政府的某种债金。用户支付上述费用被认为是应尽的义务。如果不偿付上述费用，将会导致国有水源产业使用权和开发权的中止。

第二节　典型发展中国家调水工程生态补偿制度实践

跨流域调水工程关系国计民生，而建立完善的生态补偿机制是经济社会发展到一定阶段后的必然选择，同时也是缓解供水区和受水区突出矛盾的必然要求。国外部分发展中国家调水工程生态补偿实践开展较早，且在实践过程中逐步探索出一些行之有效但与西方发达国家并不相同的具体措施，其制度创新和实践探索的经验及成果值得学习和借鉴，其中最具代表性的发展中国家当属印度和巴西。

一、印度调水工程生态补偿制度实践

印度地处亚洲南部，北部地区多为高原山地区，中部为恒河等流经的冲积平原区，南部为高原和沿海平原区。印度丰富的地理环境特征造就了各地区之间自然地理特征的差异，进而使得区域之间的自然资源分布存在不均衡的状态。印度的降水量时空分布不均匀，在时间上多集中于6～9月，在空间上全国36%的地区年均降水量1 500毫米以上，其中有8%的地区降水超过2 500毫米，而最干旱的西北部拉贾斯坦和塔尔沙漠以及孟买北部古吉拉特的年降水量不足100毫米，蒸发量却约占降水量的三分之一。据统计，印度最干旱和最湿润的邦之间年降雨量相差28倍，降水量时空分布的不均造成印度降雨量较多的邦水资源过剩，夏季洪灾频发，而干旱的邦则旱灾频发，不仅人畜饮水困难，还存在由粮食不足导致的饥荒问题。

（一）印度典型调水工程简介

随着近年来印度经济的发展，人口增多、能源紧缺等问题也日益显现，水资源供给难以满足其发展需求。① 为有效解决这些矛盾，实现水资源的高效利用与合理配置，印度政府自独立以来就开始大力兴建水利工程，据不完全统计，印度长距离大规模的调水工程已有五百多年的历史，据2009年印度官方发布数据显示，印度调水工程数量和调水总量仅次于加拿大，位居世界第二；调水工程输水干渠的总长度位居世界之首，调水工程所灌溉的农田总面积也位居世界第一位②。在印度所修建的众多跨流域调水工程中，北部地区的萨尔达—萨哈亚克调水工程，中部地区的萨达尔—萨罗瓦调水工程，西北部的甘地纳哈调水工程是其中的典型代表，

① 黄永明.调水的环境代价：从韩国大运河到印度调水工程[J].今日国土，2008(3)：38.

② 王光谦，欧阳琪，张远东，等.世界调水工程[M].北京：科学出版社，2009：218-219.

具有重要的参考意义。

1. 萨达尔—萨罗瓦调水工程

印度的纳尔默达河发源于印度中央邦靠近贾巴尔普尔的麦格拉岭西北坡，在布罗奇注入阿拉伯海，纳尔默达河河流宽广，流域内河网密布，地表水资源充沛。印度古吉拉特邦和拉贾斯坦邦与纳尔默达河流域相邻，两邦部分地区雨季短、雨量少且降水分布不均，因此区内大部分地区处于干旱或半干旱状态。为了解决古吉拉特邦和拉贾斯坦邦的区域水资源短缺问题，印度政府规划了纳尔默达河跨流域调水工程，萨达尔—萨罗瓦调水工程就是其中最著名的工程之一。[①]

萨达尔—萨罗瓦调水工程是一个跨印度 4 个邦（中央邦、马哈拉施特拉邦、古吉拉特邦和拉贾斯坦邦）的大型水利工程，[②]其总干渠 458 千米，支渠总长66 000千米，是一项集灌溉、供水、发电、防洪和生产生活为一体的综合性水利开发工程。在农业灌溉方面，为有效地开发利用水资源，萨达尔—萨罗瓦调水工程每年从纳尔默达河调约 350 亿立方米的水到干渠和灌溉系统，为古吉拉特邦北部 180 万公顷干旱土地和拉贾斯坦邦 7.5 万公顷的土地提供灌溉水源，可靠的灌溉供水促进了沿线地区和受水区的农业发展，使农作物大量增产；[③]在生活供水方面，萨达尔—萨罗瓦调水工程可向3 000万人口供水，年供水量达 10.6 亿立方米，位居世界前列。同时，大量的水资源引入受水区也缓解了周期性洪水问题，进一步保障了区域居民的生命财产安全；在水力发电方面，与萨达尔—萨罗瓦调水工程配套建设的水电工程利用落差进行水电开发，为工农业发展提供电力支持，在一定程度上缓解了区域能源危机。

但是，该工程在产生灌溉、供水、发电等正向效益的同时，也给生态环境和社会带来了负面影响，主要有以下几个方面的问题：一是从纳尔默达河调取的大量水资源会减小该河下游的径流量，水文的变化可能会引起河口三角洲地区的富营养化以及渔业衰退，也容易导致在河床上形成沙

① 王光谦，欧阳琪，张远东，等.世界调水工程[M].北京：科学出版社，2009：220-221.

② 李运辉，陈献耘，沈艳忱.印度萨达尔萨罗瓦调水工程[J].水利发展研究，2003(05)：49-52.

③ AsIT K Biswas，Olcay Unver，等，国际水资源规划及其水利工程[M].余勇，译.北京：中国水利水电出版社，2010：45-46.

洲、咸水入侵、土地盐碱化等生态环境问题；二是在纳尔默达河上游地区，为了输水供水建造大坝导致水库淹没了古吉拉特邦、马哈拉施特拉邦和中央邦大量的土地和大面积的森林，植物区系与动物区系栖息地的淹没破坏造成了生物多样性减少，[①]同时大量部落居民不得不搬迁和后靠。萨达尔—萨罗瓦调水工程涉及地域大、影响人口多，工程的设计和施工对上述可能造成的负面环境影响也采取了有力的缓解措施。从工程的推进进度和综合效益来看，萨达尔—萨罗瓦调水工程在印度地区相对来说是成功的，调水工程缓解了受水邦由水资源缺乏导致的各种问题，而生态补偿措施的实行降低了负面影响，使得移民的生活得到了保障，经济和环境效益巨大。

2. 萨尔达—萨哈亚克调水工程

20 世纪 70 年代，依托卡克拉河和萨尔达河丰沛的河流资源，印度政府在流域内的北方邦兴建萨尔达—萨哈亚克调水工程，将卡克拉河和萨尔达河充沛的地表水资源输送至干旱或半干旱的恒河西部平原区以缓解当地的淡水资源短缺问题。萨尔达—萨哈亚克调水工程输水干渠长 260 千米，设计流速每秒 650 立方米，可以灌溉恒河西部平原区 160 万公顷面积的土地。渠首工程包括在两条河上各建一座由低拦河坝和进水闸组成的引水枢纽，同时在两河之间建一条连接渠，总长 14.5 千米，设计流速为每秒 480 立方米，用于连接卡克拉河和萨尔达河。调水工程的输水总干渠采取双线并行输水和单线输水两种形式，设计输水流量为每秒 650 立方米[②]。萨尔达—萨哈亚克调水工程的管理隶属印度北方邦灌溉管理局，采用行政管理的事业体制对水资源进行管理，通过设置专门的管理处来对重要的枢纽和建筑物进行管理；萨尔达—萨哈亚克调水工程在资金管理方面，水费的征收由地方政府负责，同时政府拨付调水工程建设运营过程中的管理费用和维修费用等；萨尔达—萨哈亚克调水工程的运行方式并不复杂，渠道一般不按照农业灌溉需水量进行定量输水，而是常年维持大流量输水，在维持受水区工农业发展、生产生活之后剩余的水量则作为

---

① 王光谦，欧阳琪，张远东，等.世界调水工程[M].北京：科学出版社，2009：224-225.

② 河南省南水北调工程办公室赴印度考察组.印度跨流域调水工程设计、运行及管理[J].南水北调与水利科技，2002(90)：46.

生态用水输送到下游河道。

3. 甘地纳哈调水工程

二十世纪四五十年代，为响应印度政府的扶贫方针，同时满足拉贾斯坦邦将大面积沙漠裸地改造成高产农田治沙政策的用水需求，1958 年印度甘地纳哈工程开始建设，工程主体位于印度西北部萨尔沙漠区的比卡内尔和杰伊瑟尔梅尔地区，该调水工程的工程规模在世界范围内名列前茅。印度甘地纳哈一期工程建有一条长 204 千米的供水渠，灌溉面积为 53.3 万公顷，其中约 4.6 万公顷农田需要依靠总里程为 60 千米的 4 座泵站进行提水灌溉。印度甘地纳哈工程第二期工程的年调水量为 49.3 亿立方米，灌溉面积为 141 万公顷，其中约 87.36 万公顷采用自流灌溉方式，其余 53.7 万公顷依靠泵站提水进行灌溉。第二期工程的干渠已于 1986 年全线贯通。印度甘地纳哈工程建设目标包括抗击干旱、提供生活用水、改良与恢复区域生态环境、创造就业机会、增加农业产量以及发展畜牧业等。在工程运行的几十年当中，通过调水灌溉和沙漠治理，印度甘地纳哈工程已产生了非常显著的工程效益。① 例如，印度甘地纳哈工程通过植树造林和输水渠两侧的绿化工程，在涵养水源、减少渗漏损失和防止渠道土壤侵蚀等方面取得了良好的效果；同时，植树和绿化工程为工程区提供了丰富的薪材，也为牲畜提供了大量的饲料。此外该项计划还为该区创造了许多劳动就业机会，提高了当地居民的收入。

（二）印度调水工程生态补偿法律政策体系

印度的自然资源管理体制是中央与地方分权管理的模式，印度宪法规定，印度的水资源管理主要由中央政府机关水资源部负责，水资源部的主要职能是对国家整体水资源的开发利用、监督保护和资源管理进行合理的协调和规划。同时，中央层面的环境与森林部、电力部、工业部、农村发展部、城市发展部等部门也具有职能范围内相应的水资源管理权，拥有农村饮用水管理、水力发电管理等职能。宪法也赋予了印度地方各邦相应的水资源管理权限，地方通过设立专门的机构，对灌溉、排水、防洪等工程进行管理。除此之外，宪法还赋予联邦、地方邦和河流流域层面制定相

① 屠本，刘爱军.印度调水工程技术考察总结[J].河北水利水电技术，2000(S1)：72-74.

关法律的权力。

1. 联邦层面

从联邦层面来说，主要有两个层面的内容，即印度联邦宪法和水资源管理立法。一方面是印度的联邦宪法，即《印度共和国宪法》，于1950年颁布，其中对自然资源管理的一系列规定涉及保护生态平衡等多方面的内容。由于印度的国家体制是联邦制，印度宪法对中央和地方的资源权属进行了明确的划分，资源的管理由中央政府和地方邦政府共同进行，联邦政府拥有邻海、大陆架和专属经济区内资源的所有权，除非中央议会在法律层面另有特殊规定，各邦之内的联邦财产要遵循所在邦的立法管理[①]。印度宪法的相关规定为印度的水资源管理提供了宪法保障，推动了印度水资源管理与保护目标的提出。

另一方面是联邦具体涉及水资源管理的法律。为了有效地进行水资源管理，印度联邦政府先后制定了《河流委员会法案》《邦际河流水事纠纷处理法案》[②]《地下水模型议案》《水污染防治与控制法》《水污染事务处理程序细则》《水污染防治与控制税法》《国家饮用水使命政策》《国家水政策》等规范性文件，对水资源进行管理。国家水资源理事会于1987年发布《国家水政策》，规定国内以流域或子流域为整体进行水资源规划，在统计和评估地区河流流域需水量的基础上，依据国家的发展和建设规划来修建跨流域调水工程。[③]《国家水政策》在随后的实践过程中产生了诸多问题，故水资源理事会于2002年对其进一步修订。修订后的《国家水政策》内容非常广泛，包括了信息系统、体制机制、水资源规划、饮用水、水资源配置优先顺序、地下水开发、工程计划、水费、水资源保护、水质、跨邦界河流管理、水资源参与管理、防洪抗旱以及科研培训在内的二十五项与水相关的内容。另外两部印度在水资源管理中最主要的法律是《水污染防治与控制法》与《水污染防治与控制细则》[④]，这两部法律在印度也是经过了修改、巩固和加强的。此外，从20世纪80年代起，印度政府对水资源

---

① 吴初国，刘丽，宋国明.印度的自然资源管理[J].国土资源情报，2015(1)：15-20.

② 杨翠，柏黄卉.印度河水条约评析[J].南亚研究季刊，2012(2)：87-92.

③ T.S.巴蒂加，张长清.印度的流域开发法规[J].水利水电快报，1997(10)：14-17.

④ National Water Policy 2002 [EB/OL]. [2019-05-10]. https://www.wrmin.nic.in/write read data/link images/ nwp20025617515534.

管理的法律文件进行了相应的修改，在此期间印度水资源管理法律制度的基础理论及具体法律政策等均进行了相应的调整、丰富与完善，逐渐形成了一套完整和成熟的水资源管理法律制度体系。

2011 年 4 月，具有重要实践意义的印度国家水资源计划在经过内阁会议批准了之后正式实施。该计划的总体目标是利用水资源综合管理实现水资源全面保护和减少浪费，并均衡分配各邦间和邦内的水资源。总体目标分五个内容：①建设综合的水资源网络数据库并评估全球气候变化对水资源的影响；②号召全民参与节约用水、增加水资源库容、进行水环境保护的行动；③主要关注水资源缺乏区和过度开发区；④提高水资源利用率 20%；⑤通过综合治理手段实现地下水位提升和主要河流的径流量增加。

2. 邦政府层面

由于印度独特的政治体制，印度宪法规定水资源所有权归各邦所有，印度各邦之间纷纷订立相关的法律对水资源进行管理，尽管各邦都依据各自情况制定了相关的法律法规，但都是在印度宪法和水资源法的框架下进行的，马哈拉施特拉邦跨流域调水提案就是一个典型的地方邦规范。[①] 马哈拉施特拉邦的四个区域法定委员会根据印度《宪法》第 371(2) 条提出了一项决议，其内容主要包括：为邦内缺水的地区提供更多的水；对水资源的输送和保护进行统一管理；调水工程相关收益的使用；优先供应居民生活和农业使用用水。[①] 除此之外，各地方邦实际情况的不同导致了在具体内容上也会有所不同。

3. 流域层面

从流域视野着手更容易实现对河流的综合开发利用，通过建立权威、科学、高效的流域管理机构，实现对流域水资源的宏观调控和科学决策。印度境内的大型河流通常跨越多个地区，流域内各邦之间在水资源利用、分配和控制等方面存在争端。为解决跨邦界河流水资源争端，1956 年印度发布了《邦间水争端法》，该法旨在通过设立流域法庭来解决各邦之间

① DIWAN V. Maharashtra proposal for inter-basin water transfer[J]. Resource Protection and Circular Utilization, 2005, 40(1): 22-24.

因水资源纠纷引起的诉讼，并进一步规定了法院做出裁决的期限，以避免水争端事件长期难以解决的问题。该法规定，国家必须在收到任一邦政府要求的1年内组建“水争端法庭”，该法庭的决定将具有最高法院判决的效力。到目前为止，印度政府已经设立了5个水争端法庭。[①] 此外，印度水利部于20世纪70年代提出了《内河联网计划》，旨在通过河流联网的方式，将国内的水资源进行调配，实现水资源的优化配置。根据这一远景规划，1982年印度水利部设置了国家水资源开发管理局，对半岛水系的水资源优化配置的研究和可行性研究报告进行论证，规划的内容是印度将在数十年内修建多条河流连通工程，将境内的数十条河流连成网络，从而进行水资源的统一调配。

（三）印度调水工程生态补偿管理相关规定

虽然调水工程的建设为缓解区域水资源压力、促进受水区经济和社会发展做出贡献，但随着水资源跨区域调配，各利益相关方之间的矛盾也随之而来。为最大限度地减小调水工程对供水区、受水区以及沿线区的负面影响，调和利益相关方的争端与矛盾，印度在大型调水工程计划和执行之初就开始考虑后续问题的解决方案，具体包括严格的调水工程规划审批制度以及合适的自然生态恢复与保护政策。

1. 严格的规划审批制度

萨尔达—萨罗瓦工程是印度首批主要调水工程之一，在办理工程建设相关手续时，印度政府就要求工程业主必须满足严格的环境保护条件。该工程是首批在规划阶段就进行环境影响评估的工程之一。1987年环境和林业部在办理该工程的审批手续时，对森林保护计划、地下水补给计划、野生动物保护计划、坝址风景计划、渔业开发计划、人群健康计划、生态旅游计划等做出了严格的规定。[②]

2. 合适的生态恢复与保护政策

印度对萨达尔—萨罗瓦调水工程就大坝建设的各项问题以及后期生

---

① Current Inter State River Water disputes and Tribunals[EB/OL]. [2019-05-10]. http://www.wrmin.nic.in/inter-state rivers.

② SABNIS S. Environmental Overview of the Sardar Sarovar Project[J]. International Journal of Water Resources Development, 2001, 17(1): 99-107.

态环境保护和生态补偿等做出了一系列立法规定。早在1969年，纳尔默达河流域内各省之间就签署了《纳尔默达河水事纠纷法》，该法的首要任务是建立水文观测系统，分配灌溉与发电的用水量，明确利益分享和责任承担机制。1979年，萨达尔—萨罗瓦调水工程的《分水协议》颁布，该协议首先规定由中央邦、马哈拉施特拉邦、古吉拉特邦和拉贾斯坦邦和中央政府共同组成纳尔默达河流域管理委员会，该委员会的职能是对与调水工程相关的全部项目进行管理，期限长达45年(2005年止)；其次，该协议对印度各邦所获得的水资源进行分配，并且规定了包括水库移民安置计划和生态环境保护在内的补偿措施；最后，该协议规定让作为主要受益区域的古吉拉特邦承担水库移民安置工作的补偿，为此古吉拉特邦专门成立了由该邦首席部长担任部长的萨达尔萨罗瓦—旁那瓦斯瓦特管理局，萨达尔萨罗瓦—旁那瓦斯瓦特管理局具有行政管理职能。

(四) 印度调水工程具体生态补偿措施

印度大型跨流域调水工程在建设过程中和运行通水后在水源区和沿线地区产生了一系列负面影响，印度中央和各邦之间制定的专门立法和协议，在解决移民问题、环境生态补偿问题和调水工程利益相关方的争端问题中发挥了极其重要的作用。下文以印度最负盛名同时争议最大的萨达尔—萨罗瓦调水工程为例，具体说明印度调水工程中的生态补偿措施。

1. 移民生活性补偿机制

萨达尔—萨罗瓦调水工程的主要受益者是古吉拉特邦，而调水工程建设大坝形成的水库，绝大部分淹没的地区在古吉拉特邦、中央邦和马哈拉施特拉邦。当水库水位抬高到139米时将淹没3.769万公顷的土地，受影响村庄总数245个，受影响家庭多达4.1万个，受影响的总人口数达10万。另外，除了水库对居民的影响，调水工程跨流域长距离的输水渠道建设占地面积极大，统计表明大约是水库淹没土地的2倍之多，干渠建设的影响人口达14余万。[①] 为缓解不利的社会影响，中央和各邦之间制定了包括《纳尔默达河水事纠纷法》和《分水协议》等在内的专门立法与协议，

① 李运辉，陈献耘，沈艳忱.印度萨达尔萨罗瓦调水工程[J].水利发展研究，2003(05)：49-52.

并设立纳尔默达河流域管理委员会以及萨达尔萨罗瓦—旁那瓦斯瓦特管理局等专门的流域或地方管理机构来解决调水工程中的移民补偿问题。在《纳尔默达河水事纠纷法》的规定中，古吉拉特邦有义务安置相关的工程移民，包括因库区需水而受影响的从其他邦迁移到古吉拉特邦的移民。移民补偿包括对移民的个人补偿和对移民场所的社会补偿。

个人补偿范围包括耕地、生活住地、建筑材料、保险及货币等多项。在土地补偿方面，土地使用权转让不再只考虑其价格，而是要由古吉拉特邦、马哈拉施特拉邦和中央邦建设机构申报，经村镇社团认可，并由纳尔默达河流域项目管理委员会根据严格的环境标准进行考核。根据补偿计划，移民人均最少应获得 2 公顷的灌溉耕地，而获得灌溉土地的上限则由各州规定。同时每一个家庭应有 500 平方米的宅基地，搬迁的家庭有权拆除任何原居住处的私有设施，并由政府出资将原有的财产搬迁到新居。受影响人口有选择土地的权利，由移民代表到现场考察所有安置区后再做选择，选定安置区后，这些代表就必须及时商谈土地的价格，审视相关手续办理程序等。此外，补偿计划还规定，对被淹没土地的利益相关人给予货币赔偿，赔偿标准以 1980 年为基准年，每个家庭可获得 750 卢比移民补助，考虑到通货膨胀，移民补助每年在原有金额的基础上增加 8%；每个家庭有权进行10 000卢比的基础建设，同时还有生活补贴4 500卢比、耕地补助 600 卢比、生产工具（耕牛）与农具的补助7 000卢比；免费提供相当于 85 平方米房屋面积的屋顶砖瓦，将拆除的建筑材料和家具免费运到新住址，免费为每个家庭提供生活用电；免费为每人提供 30 平方米的波纹镀锌铁板的临时住所和农场住宅；提供住宅和房屋财产保险以及人员伤残或死亡保险；免费提供价值45 000卢比的 45 平方米的房屋代替镀锡棚屋和瓦屋顶。①

2. 移民社会安置补偿机制

移民的社会补偿主要是移民安置地区社会基础设施建设，包括公路及住宅区内的道路、公园、学校、医院、饮用水水源等基础市镇设施和其他

① MADHAV A CHITLE. The Narmada Project[J]. Water Resources Development, 1997, 13(2): 169-179.

社会文化设施的建设。移民安置政策要求在安置时尽量将同村人安置在一起，以保持他们原有的社会关系。每 500 人就需考虑建设学校、医院、供水、供电、村委会、粮食仓库、儿童游戏区、集会场所等公共设施。根据萨达尔—萨罗瓦调水工程移民安置政策的基本目标，受影响的家庭进入安置区后，移民的经济生活条件与移民前相比要有明显的改善，移民的工作和生活要得到保障。因此萨达尔—萨罗瓦调水工程在移民方面与时俱进的补偿措施取得了巨大的经济和社会效益。

3. 异地水土替代补偿机制

作为印度实施的首批河谷工程之一，萨达尔—萨罗瓦调水工程在规划阶段就开始进行环境影响评价，并实施严格的生态环境保护措施，为工程的长久开发提供保障。依据印度《森林法》和《纳尔默达河水事纠纷法》的规定以及印度最高法院对工程建设的要求，对坝区的环境补偿内容涉及林地、动物栖息地、野生动植物保护、渔业开发、地下水资源补给、生态旅游开发等。在林地恢复方面，要求补偿造林措施，具体内容为在工程的大坝附近对淹没的林地进行补偿性造林、在输水渠岸边植树以及对工程的居民区进行绿化等。具体来看，为了对古吉拉特邦淹没的4 523公顷森林加以补偿，由该邦林业部在卡奇地区（先前没有森林）完成4 650公顷以上的造林任务。此外，在附近已退化的森林地段完成9 300公顷的补偿造林。而流域地区的净化处理工作包括对27 042公顷的区域采取措施，以降低土壤侵蚀率并检查水库中的来沙量。流域内1 953公顷森林地区的处理已由古吉拉特土地开发公司完成。同样，计划渠岸边造林约5 300公顷，其中 924 公顷已完成。其他造林活动包括在萨巴尔马蒂河河岸甘地纳格尔附近的 200 公顷峡谷的开发与造林，其将被作为补偿造林的示范区加以开发。此外，居民区也预留了适当的植树空间。经统计，仅工程单位栽种的树木就已经达到了所失去树木的 10 倍，同时加上居民自发的树木种植，植树比例达到 100∶1。[①]

除此之外，在进行取土的过程中，选择从附近村庄蓄水池、小型灌溉

① AHMAD A，郑亚新.印度讷尔默达水资源工程：实施可持续发展[J].AMBIO-人类环境杂志，1999，28(05)：398-403，461，389.

蓄水池或计划中的排水系统取土来代替从渠网边缘区挖土，这种方案除了减少特殊土地征用，还避免了在渠网边缘恶性取土形成土坑，减少了渗漏损失。同时，还减少了附近取土区积水的危害。

4. 生态修复机制

调水工程在实施过程中会对周边生态造成不利影响，萨达尔—萨罗瓦调水工程在实施过程中对受到负面影响的环境进行了修复。在地下水补给中，萨达尔—萨罗瓦调水工程应用数学模拟模型，对灌溉回归地下水的情况进行了评价和研究，并考虑将其用于工程流域控制区的灌溉规划中；同时还有野生动物保护计划将流域内原有的舒尔潘斯瓦保护区—图姆克哈尔懒熊保护区的主要栖息地扩大到 607 公顷，此外，该计划还对卡奇小沼泽地野驴保护区、韦拉瓦达黑鹿保护区、纳尔默达河口鸟类保护区等其他保护区的建设进行了规定。

5. 可持续发展机制

调水工程蓄水所形成的巨大库区不仅能够保障沿线的用水需求，还具有极大的经济潜力，需要在可持续发展的机制引领下进行发展。在渔业方面，通过帮助居住在水库沿岸而受工程影响的部落移民蓄养鲤鱼和其他经济鱼类来发展渔业，同时对部落移民进行渔业培训以及建设，改善其基本生活设施（比如捕鱼码头、冷冻库的建设以及运输道路）等；在人群健康方面，作为最初影响评估研究的一部分，库区对降低相关疾病发病率以及工程可能对身体健康造成的影响等都进行了研究，并采取了一系列监测、预防及控制措施；在生态旅游方面，支持和补偿包括改善萨达尔—萨罗瓦调水工程大坝和水库、纳尔默达输水干渠、支渠周围的环境，通过植树造林结合原始景观来开发与人文环境和自然历史环境相关的生态旅游项目。[①] 在凯瓦代尔，以科学为基础的规划、管理与持续发展的旅游产品和活动的发展模式正在加以研究。[②] 通过娱乐文化服务为相关地区提供了经济发展的机会，该措施不仅保障了当地生态环境的良好发展，同时也保证了该地区原有居民的经济收益。

---

① 李运辉，陈献耘，沈艳忱.印度萨达尔萨罗瓦调水工程[J].水利发展研究，2003(05)：49-52.

② 王光谦，欧阳琪，张远东，等.世界调水工程[M].北京：科学出版社，2009：226-227.

二、巴西调水工程生态补偿制度实践

巴西是联邦制共和国，由 26 个州和 1 个联邦特区构成。① 巴西不仅在政治、经济、体制上独具特色，其境内水资源分布也错综复杂。巴西境内河流众多且水资源占有量是世界总淡水资源的 12%。然而，巴西境内虽河网密集但水资源分布并不均匀。亚马孙河地区拥有全国 70%的淡水资源，但该区人口只占全国人口的 7%。南部地区人口众多却只拥有全国淡水资源的 6%。东北地区则更为严峻，该地区受巴西寒流影响，气候干旱，只拥有全国淡水资源的 3%，但人口却占全国的 30%。② 因此，跨流域调水也成为巴西解决水资源分布不平衡的主要途径。巴西在水资源分布和管理体制上与我国相似，考察巴西调水工程生态补偿的法律政策可以为我国相关法律制度的完善提供参考。

（一）巴西典型调水工程简介

1. 南帕拉伊巴河调水工程

南帕拉伊巴河调水工程是 1913 年加拿大光源公司在巴西建设的旨在为首都里约热内卢提供水电资源的一项工程。该工程经过复杂的调度系统将淡水从南帕拉伊巴河流域调至位于流域下游地区的里约热内卢州首府区，工程调水流量约为南帕拉伊巴河年平均流量的三分之二，充足的水资源推动了巴西首府区的经济发展。

南帕拉伊巴河流域横跨巴西里约热内卢、米纳斯吉拉斯以及圣保罗三州，流域面积广大，其中共有一百八十多个行政区，人口众多，且该流域 GDP 约占全国总 GDP 的 13%。南帕拉伊巴河调水工程虽然为受水区提供了大量的生活、工业和农业用水，但也随之产生了诸多负面环境影响。主要原因在于工程建设之初，既没有对供水区和受水区进行环境影响评估，也没有对当代居民和后代居民可能会受到的环境影响进行评估；另外在调水工程规划过程中，未考虑为维持旱季充足流量带来的调水困难，进而导致供水区和受水区居民发生冲突。南帕拉伊巴河流域一体化委员会

① Márcia Maria Rios Ribeiro. A few comments on the Brazilian water resource policy[J]. New Water Policy and Practice，2017，3(1)：22-32.

② 侯露露.巴西：水资源大国也闹“水荒”[N].人民日报，2014-09-12.

是1978年为解决供水区和受水区之间的冲突而专门设立的机构，该委员会在2005年制定了一套制度框架，规定要向受水区终端用户收取水费，用于供水区水环境改善。

2. 锡斯特马坎特雷拉调水工程

巴西在1966年开始建设锡斯特马坎特雷拉调水工程，该工程位于巴西东南部地区，从皮拉西卡巴河流域（输水区）向铁特河流域调水，该调水工程提供了圣保罗以及周边城市共约60%的用水量。锡斯特马坎特雷拉调水工程在建设初期同样未考虑对供水区的补偿机制，二十世纪六七十年代，巴西大型调水工程的决策环节并无公众参与机制，公众也缺乏提出相关建议的途径。工程完工后的20年中，皮拉西卡巴河流域快速的工业化和城市化导致流域内水用户之间以及供水和受水区水用户之间矛盾突出。为了防止矛盾激化，卡皮瓦雷河、皮拉西卡巴河与容迪亚伊河流域管理委员会（CPJ）应运而生。CPJ在调整皮拉西卡巴河流域调水目标的过程中发挥了积极的作用，同时也促进了锡斯特马坎特雷拉调水工程干旱期调度原则的制定，其受到了输水流域和受水流域水用户的一致认可。

（二）巴西调水工程生态补偿法律政策体系

目前巴西的水资源管理体系不仅包括全国水资源委员会、各州及联邦特区水资源委员会、河流流域委员会，联邦、州和市的水资源组织以及水资源管理局，还包括与水资源管理有关的民间组织等。[①] 巴西调水工程相关法律政策体系分为三个层面，分别是联邦层面、州层面和流域层面。

1. 联邦层面

联邦层面首先是联邦宪法。1988年巴西国家宪法大会颁布新宪法，规定了一系列保护生态平衡的法规，并在水资源管理方面提出了两个重要创新：首先规定了巴西分配水资源给各个行政级别的规则，即水资源由联邦和州同时管辖；另外规定“联邦内水资源是具有一定经济价值的自然资源，该生态资产属国家所有”，该规定将曾经私人占有水资源的时代与现在水资源国家所有切割开来。[②] 除此之外，宪法还赋予联邦、州和市制

① The Brazilian Water Law of 1997，具体参见 Article 33。

② 吴志华.巴西巧用收费制管理江河水资源[N].人民日报，2011-10-14.

定法律的权力。

联邦层面还包括其他联邦法律。1934年颁布的《水法》是巴西首部水资源管理立法，其规定民众为满足基本生活需求可免费使用任何水资源，同时禁止在未经政府授权或许可情况下抽取公共用水用于农业、工业及卫生行业作业。1981年8月，巴西颁布第6938号法律，制定了国家环境政策，①首次公认了水的环境价值，确定了可持续使用土地、水和空气的原则。该法律通过赋予国家环境委员会制定、维护和控制环境质量标准和方法的职责，达到可持续使用环境资源特别是水资源的目的。1997年的国家水法是巴西水资源管理的转折点，该法通过联邦法9433号法律正式颁布，它定义了巴西水资源政策和水资源管理体系，确立了巴西水资源管理的六项原则：①水是公共财产；②水是一种有限的自然资源，具有经济价值；③当水资源短缺时，应优先考虑人畜需要；④水资源管理应始终允许多种用水；⑤流域是执行国家水资源政策和国家水资源管理体系的区域单元；⑥水资源管理应下放权力，由政府、用水者和社区共同参与。②2000年，为保证水法的实施，联邦设立了水法执行机构，即巴西国家水务局。2004年议会颁布10881号法律，进一步规范国家水务局与非政府组织间订立合同的具体程序，同时确保水资源费用收入用在各大流域的水务局所确定的工程和项目方面。

2. 州层面

巴西各州从1991年开始制定相关法律来完善水资源管理体制，在推动水资源立法改革方面发挥了很大作用。尽管各州实施这些法律的时间不同，但多数州的立法在结构上倾向于遵循国家水法的模式。巴西第一个颁布水法的州是圣保罗州，1991年通过第7663号法律确立了该州内水资源管理的若干政策，并建立了综合的水资源管理体系。不仅如此，圣保罗州的宪法为水资源专门设立了一整个章节，其主要特征包括：保障地下水和地表水的可持续利用；优先考虑人类用水；认可多种用水；保护水域

---

① 中华人民共和国驻巴西共和国大使馆经济商务处.巴西主要环保法律法规[EB/OL].[2019-04-05]. http://br.mofcom.gov.cn/article/ddfg/qita/201107/20110707671613.shtml.

② The Brazilian Water Law of 1997，具体参见 Article 1。

免受可能危害当前和未来使用活动的影响以及将水资源管理一体化。[①] 此外,巴西大多数州还有根据国家水法制定的监管制度,但是监管的有效性在各州之间有所不同。

3. 流域层面

纵观世界各国不难发现,高效、权威、科学运行的流域管理机构的建立以及对流域水资源的宏观调控和重大决策权力的强化,是流域综合开发和管理的重要因素。巴西流域管理最重要的两项创新在于其对流域单位进行管理的规定以及流域委员会的设立。巴西在很长一段时间里水资源管理较为零散,更多是站在消费者、政府等利益集团的角度去制定政策,没有考虑水资源管理对流域的普遍影响。直到 1997 年国家水法建立了流域委员会制度,该委员会可以把相关利益方组织起来共同商讨和裁定有关保护环境资源尤其是水资源相关问题。由于巴西的大部分流域都跨越了州的边界,这引发了人们对政策缺乏协调性的担忧,流域委员会的设立即旨在缓解这些问题。[②] 流域委员会通常由联邦政府、所在州或联邦特区、市、用水者和民间水资源组织的代表组成。[③]

(三) 巴西调水工程生态补偿管理相关规定

调水工程给受水区带来巨大社会、经济和环境效益的同时,也给供水区带来了环境、生态和管理等各方面的问题。无偿的跨流域调水不仅有违水资源合理配置的公平性原则,也于水资源的高效使用不利。因此,巴西在调水工程中对生态补偿做出了许多规定。

1. 强调生态保护

通过对巴西调水工程相关的一系列法律政策体系的分析,可以发现随着时间的变化,巴西对水资源的规定也在不断变化。巴西规范用水的尝试可追溯到 20 世纪初期,水法的历史演变分为三个阶段:第一个阶段是适航阶段,这一阶段的水通常被当作物品对待。巴西 1916 年民法第六

---

① Antonio Herman Benjamín, Cláudia Lima Marques, Catherine Tinker. The water giant awakes: an overview of water law in Brazil[J]. Texas Law Review, 2006, 83(7): 2185-2244.

② DAVID G V, ALMEIDA P, WONG L. Water management policy in Brazil[J]. SSRN Electronic Journal, 2015(3): 1-41.

③ The Brazilian Water Law of 1997,具体参见 Article 39。

十六条明确规定人民共同使用是河流作为公共财富唯一先决性特征。该阶段结束于1934年水法的制定；第二阶段是水力发电阶段，此时巴西意识到将水法从民法中剥离出来并制定一个特殊法律体系的必要性。1934年水法使水拥有了自己独特的法律框架，允许公共政府管理和促进水能潜力的合理利用，但1934年水法中的水资源管理并未包含生态理念；第三阶段是环境保护阶段，该阶段始于20世纪80年代，其标志是1981年国家环境法规、1988年联邦宪法以及1997年国家水法的出台。进入20世纪80年代以后，日益加重的水资源匮乏和水污染迫使巴西的政治家们意识到水是一种有限的资源，需要从生态角度加以考虑。1997年水法尽管没有规定水资源与其他资源统一融合管理的具体做法，但在理念上发生了巨大的转变，与1934年水法所阐述的水资源是用之不竭的观点截然不同。

1997年水法明确规定巴西在进行水资源规划时，应以合理使用、增加水量和改善现有水质为目标；①当出现重大环境退化时，可以无限期或在指定时间内中止部分或全部用水权；②在确定水资源费时，应考虑引水、集水和取水过程中排水的体积、流量的变化以及排放废水和其他液体或气体废物时，排放的体积、流量的变化、废水的物理、化学和生物学特性及毒性；③如果违反水法导致公共供水服务受到损害，对人类健康或生命造成危险，对财产、动物或对第三方造成任何形式的损害，则处以不少于水法前文规定最大值一半的罚款。④ 从这些法律规定可以看出此阶段巴西对生态保护的重视。除此之外，巴西其他领域的法律法规也在强调生态一体化。2012年《原生植被保护法》（通常被称为“新森林法”）是解决巴西土地退化和促进生态系统服务的主要法律，该法规定在亚马孙流域上的土地所有权者通过保养森林和植树造林等手段在其所拥有的土地上保持高达80%的森林植被覆盖度，⑤以此保护囊括流域在内的整体综合的生态环境。

---

① The Brazilian Water Law of 1997，具体参见 Article 7(VI)。

② The Brazilian Water Law of 1997，具体参见 Article 15(VI)。

③ The Brazilian Water Law of 1997，具体参见 Article 21。

④ The Brazilian Water Law of 1997，具体参见 Article 50(VI) § 1。

⑤ 朱雯雯.毁林开荒获土地 巴西是热带雨林毁破坏最严重国家[EB/OL].[2019-04-24]. http://www.china.com.cn/news/world/2014-09/19/content_33557656.htm.

2. 设立专门的调水工程管理机构

1997 年国家水法最重要的贡献就是建立了河流流域委员会制度，设立了专门的调水工程管理机构。该机构的主要功能有：一是讨论与水资源有关的问题；二是作为第一道行政程序，仲裁水资源使用冲突；三是批准流域水资源规划；四是监督流域水资源规划的执行，并提出实现目标所需要的措施；五是向全国和各州的水资源委员会提出本流域储水、引水、集水和排水无需申请取水许可的建议；六是建立水资源费征收机制并建议水费标准；七是根据公共或集体利益制定多目标水资源利用工程的建设投资分配标准。①

南帕拉伊巴河调水工程在实施过程中，产生了诸多负面环境影响，如流域水质下降，据估算，每天约有 100 万立方米未经处理的污水排入关渡河，原因主要是该工程建设初期没有对供水区和受水区进行环境影响评价，没有对居民以及他们的子孙后代即将受到的环境威胁进行影响评价。此外，工程前期的规划中没有考虑到在少雨的旱季为保持充足水量而带来的困境，导致供水区和受水区域民众间发生一系列冲突。为了解决上述问题，1978 年南帕拉伊巴河流域一体化委员会成立。② 2005 年，该委员会在巴西创新性地制定了一项制度框架——向工程中的终端用户收取水资源费，收取的水费将用于南帕拉伊巴河的水质改善和保护。

锡斯特马坎特雷拉调水工程中的生态补偿制度同样经历了从无到有的过程。该工程在 1966 年开始建设时，并没有考虑对输水区用水户的补偿措施，只是在规划过程中对输水流域的需水量进行了评估。在随后的几年内，工业化和城市化的迅速发展致使皮拉西卡巴河流域内用水户间，尤其是与铁特河流域的用水户之间不断发生用水摩擦。为了解决该问题，1991 年，国内首个流域管理委员会建立，即卡皮瓦雷河、皮拉西卡巴河与容迪亚伊河流域管理委员会（简称“CPJ”），该委员会由来自这 3 个流域的代表组成。2004 年，CPJ 在调整皮拉西卡巴河流域工程的目标时发挥了极其重要的作用，其后与负责管理调水事宜的当地供水公司反复商议

---

① The Brazilian Water Law of 1997，具体参见 Article 38。

② J.P.G.安德雷德，朱庆云.巴西跨流域调水实践与国际案例比较[J].水利水电快报，2011(12)：1-6.

调水流量和缺水期调度原则，最终确定将调水流量从每秒33立方米调整为每秒31立方米，同时商定了干旱期的调度原则。

3. 运用多种形式规范生态补偿

巴西调水工程不仅通过各种法律法规对生态补偿进行规范，而且通过运用多种政策工具贯彻水资源管理的原则及理念。

1）水资源规划

巴西各州和流域（联邦或州统领单元内的河流）都有水资源规划，巴西联邦的水资源规划由国家、州和流域层面上的各项水资源行动计划组成，这也是巴西水资源管理的基础及实施全国水资源政策的总体要求。1997年水法规定，水资源规划往往是长期规划，其计划范围应与规划以及工程实施期限相适应，包括当下水资源的状况、将来的几十年内的淡水质量和水流量供需平衡分析、人口数量变化、经济社会发展和土地覆被变化等对水资源状况的影响分析。同时，巴西水资源规划要对水资源的妥善利用、水量增长需求和水环境质量改善提出目标任务并出具详细的指导性原则，要提前明确拟采取的行动计划以及达标所需设立的水资源工程布局，并对用水限制区、水费和优先取水许可项目提出建议或制定标准。①

2）取水许可

1997年水法将用水权定义为“旨在确保对用水的定量和定性控制以及有效的取水权”，其利用许可必须得到政府水务机构的授权，根据巴西联邦法律，下列用水情形下需要办理取水许可证：①从某一水体引水或围坝蓄水，所引或所围的水用于最终消耗，包括公共供水或用于某一生产过程；②从含水层抽水用于最终消耗或用于某一生产过程；③向某一水体排放经过处理后、没有经过处理的废物，或者其他液体或气体废物以达到稀释、转运或处置该水体的目的；④用于水力发电；⑤其他影响某一水体中水的流量、水量或水质的用水行为。同时这些许可必须在官方发布机构公布以显示它的权威性。根据巴西联邦法律，下述行为在巴西无需办理取水许可证：①分散居住于农村地区的小部分人群的用水；②少量引水、

① The Brazilian Water Law of 1997，具体参见 Article 7。

集水或排放水；③少量围坝蓄水。[①] 除此之外，政府也必须从水质和水量等方面加以考虑，进而确定当家庭用水量、工业用水量和灌溉用水量之间发生冲突时的优先权，和工业废水、城市污水排放、河流、湖泊以及地下水层的大坝和运河的建造等方面的优先权。

3）水资源信息系统（SNIRH）

巴西的水资源信息系统是一个对水资源及其管理所涉及的信息进行收集、处理、存储和检索的系统。[②] 巴西水法将该系统的目标确定为："收集、提供并公布有关巴西水资源质量和数量的数据和信息；定期更新全国范围内水资源的供应和需求信息；为水资源计划的制定提供支持"，该系统运作应遵循以下三个原则：一是提供收集到的分散的数据和信息；二是系统地标准化协调；三是确保整个社会都可以访问数据和信息。[③] SNIRH 的建立对水资源的合理利用十分重要，能够为制定和实施具有针对性的水资源保护措施提供必要的数据支撑。

（四）巴西调水工程具体生态补偿措施

在遵循生态一体化理念的同时，为了能够更高效地开展调水工程，巴西设计了多元化的生态补偿措施。

1. 水资源费

作为一种经济激励手段，综合运用水资源费制度和取水许可制度，可以进一步减少用水矛盾。1981 年的巴西国家环保法规定了用水收费的原则。1997 年巴西当局发布全国水资源管理政策，构建了全国水资源管理体系。[④] 水法对水资源费的收取给出了三个理由：第一，水法把水视为一种经济物品，同理政府应该根据水被使用的实际价值对使用者收费；第二，希望通过收费使得每一次用水都有合理的动机；第三，希望通过收取水资源费为水利工程项目积累财力。此外，征收水资源费的用水类型与取水许可用水类型相同，收费仅仅适用于那些需要许可的用水类型。因此，无关紧要的使用、转移、获取或排泄水资源可以免费，而判定是否为无

---

① The Brazilian Water Law of 1997，具体参见 Article 12(V) § 1。

② The Brazilian Water Law of 1997，具体参见 Article 25。

③ The Brazilian Water Law of 1997，具体参见 Article 26。

④ 吴志华.巴西巧用收费制管理江河水资源[N].人民日报，2011-10-14.

关紧要通常需要根据特殊标准。水资源费在分配使用时，应优先考虑提供水资源的流域，并将其用于水资源规划项目、课题及工程；还应优先考虑水资源管理系统的运行及有关组织、机构的管理费用。① 除此之外，实行取水收费的地区，必须将所收取水费全部用于水资源的保护，即使不需要上缴国家，也不得挪为他用，真正做到"取之于水、用之于水"。

2. 流域服务付费

在巴西，对水流量影响最大的环境问题就是森林滥伐。流域服务付费制度是一个基于生态系统服务框架下的自愿交易工具，旨在将流域服务的受益者与该服务的提供者联系起来，提供一个积极的市场环境。流域服务付费计划大多数发生在地方一级，使用公式化合同来确保那些提供特定类型和数量生态系统服务的土地所有者们能够获得补偿。② 巴西流域服务付费的发展始于 2001 年，当时的巴西国家水务局制定了一项全国性的水生产商计划，该计划通过流域委员会提供支持来进行土地可持续利用和恢复的奖励措施。计划的最初任务是制定法律和行政框架，提出财政激励措施以改善土地利用。概念框架建立之后，在几个城市开发了水生产试点项目，第一个是埃斯特雷玛的水源保护计划，这也是第一个向土地所有者付款的举措，旨在保证改善水资源环境服务的回报，2005 年合同签署，2007 年在该市的一个小流域实施了合同。这一计划于 2009 年扩展到了另一个流域（萨尔托），截至 2015 年，埃斯特雷玛水源保护计划已与 53 个土地所有者签订了合同，该计划区域的森林覆盖率增加了 60％。②流域服务付费通过改变土地的长期使用机制，达成了既考虑环境多样性和景观功能，又考虑经济社会可持续发展的流域综合管理的目标。

3. 生态增值税

巴西的生态补偿方式有横向和纵向之分，生态增值税属于具有代表性的纵向补偿方式，即支付补偿的实施主体为政府，政府运用宏观调控手段，通过财政进行资源的调配和支付从而形成相应补偿。巴西的生态增

① The Brazilian Water Law of 1997，具体参见 Article 22。

② RYAN C R, CHRIS J, THOMAS E L，等. Considering farmer land use decisions in efforts to 'scale up' Payments for Watershed Services[J]. Ecosystem Services, 2017, 23: 238-247.

值税作为一种财政补偿机制，会对进行过生态保护和环境维护的州通过返还一定比例的税收金的方式来进行补偿，但是需要综合衡量和考虑返还税收的比例和额度。比如土地面积占比的计算、生态建设品质的考量等。[①] 巴西各地区生态补偿经费的来源主要是州"商品和服务流通所得收入"。巴西巴拉那州议会于1991年通过一项法律，要求从商品和服务流通所得收入中拿出5%的资金作为生态保护支出，其中2.5%分配给那些拥有水源的地区，作为对环境保护机会成本的一种补偿。[②] 同时规定，巴拉那州内各地方政府要通过竞争获得资金，因此当地参与保护活动的面积越大，获得资金就越多。[②]这一举措极大地提高了各地政府的积极性。

第三节　国外调水工程生态补偿制度对我国南水北调沿线生态补偿的启示

国外发达国家与发展中国家大型调水工程建设较早，在生态补偿制度上各有其独特性。通过对美国、澳大利亚、西班牙、印度和巴西大型跨流域调水工程及其生态补偿制度的考察，可以发现各国的生态补偿机制都离不开健全的法治体系，而在具体实践中又形成了市场主导方案和政府主导方案两种不同的制度倾向，这两种处理模式在实践中均与各国的经济环境、制度环境以及生态环境的现状密切相关。上述国家的实践对我国南水北调沿线生态补偿制度的完善提供了宝贵的经验和制度蓝本，也对我国进一步完善生态补偿立法带来了多方面的启示。

一、推进生态补偿专项立法

成熟而完备的法律体系对于调水工程环境管理和生态补偿至关重要。生态补偿法律关系复杂，事关不同利益主体，对主体权利义务的界定、补偿的方式、标准的选择、程序的构建都必须以法律方式明文规定。

---

① 彭贤则，余谦.国内外流域生态补偿经验与启示[J].特区经济，2015(8)：88-89.

② Perrot-Maître D, Davis P. Case studies of markets and innovative financial mechanisms for water services from forests[M]. Washington D.C: Forests Trends, 2001: 33-34.

目前，我国生态补偿虽已实践多年，但仅形成制度框架，未在国家层面形成统一的专项法律，更缺乏相应的具体操作指南。因此，出台南水北调工程生态补偿相关专项立法迫在眉睫。迫切需要对南水北调工程沿线生态补偿法律制度的原则、主客体范围、权利义务、补偿方式、补偿标准、责任分担、监督管理体制等内容以立法形式加以确定，从而使沿线生态补偿工作的开展有法可依，实现该领域法律制度和实践工作的协调发展。除了国家层面的专项立法，后期还需要进一步完善和生态补偿相关的部门法、地方性法规，形成完备的法律规范体系。

二、构建多元化生态补偿模式

国外大型跨流域调水工程生态补偿形式多元化特征明显，无论是美国的异地水土保持补偿机制、政府采购生态系统服务补偿机制、水权生态补偿机制，还是澳大利亚政府的直接支付制度、水分蒸发信贷制度、生物多样性银行和抵消计划等，在生态补偿实践中都充分发挥了重要作用，其良好的社会反馈为我国建立多元化的生态补偿模式提供了模板和参考，也对我国南水北调中线工程沿线生态补偿多模式的探索提供了经验。我国调水工程生态补偿中财政专项补偿较多，主要是以中央和地方财政转移支付和专项基金为主，区域和流域之间以及不同社会群体间的横向转移支付很少，单一化的生态补偿模式不利于南水北调工程生态补偿效率的提高。因此，建立多元化的生态补偿模式不仅可以缓解生态系统服务提供地区成本负担过重、沿线地区生态环境保护资金短缺的局面，同时也有助于降低生态系统服务受益地区政府的财政压力。

西方发达国家主要依靠市场机制的解决方案，说明市场在生态补偿中同样可以发挥重要作用。通过市场交易，可以实现南水北调水资源的高效与充分使用以及优化配置，维持生态、社会与经济的可持续。除了政府补偿和市场补偿的模式，还存在着其他生态补偿模式，如南水北调工程沿线生态补偿可以向社会募集资金、设立生态保护公益机构、发行公益彩票等。因此，应结合中国实际情况，通过纵向、横向与综合补偿，构建多元化的南水北调生态补偿模式。

三、成立专业生态补偿机构

我国南水北调工程生态补偿制度的实施以纵向生态补偿为主，其主体是各级政府，没有成立专业组织和专门的生态补偿机构，这在一定程度上制约了生态补偿效率。而澳大利亚政府成立雪山工程管理局作为专门机构参与雪山工程的建设及运营，西班牙当局针对塔霍河与塞古拉河联合调度成立了塔霍河—塞古拉河中央委员会来监督该基础设施的运行并协调各流域机构，上述的成功经验充分表明专业组织和专门机构在提高生态补偿效率方面的重要作用。在这个层面，我国应充分借鉴澳大利亚、西班牙、美国等国家的跨流域调水工程的制度经验，建设专业组织和专门的机构，推进南水北调工程水源区以及沿线区域的扶贫工作和履行生态治理职责等。同时，南水北调工程生态补偿机构可以根据职能分工不同再细分为多个小组，分别负责跨流域调水补偿涉及的各个方面。具体来看，南水北调工程成立专业的生态补偿机构将发挥的作用包括以下方面：首先是专业人才能够为多元化生态补偿制度的制定与实施提供技术上和决策上的支持；其次专业机构的介入可以有效解决政府信息不对称问题；最后，专业补偿机构形式多元，可以是政府下属的事业单位，也可以组建南水北调工程生态补偿公司，它们通过向政府购买服务的形式进行市场化运作，以提高生态补偿效率。

四、创建可持续补偿资金机制

在生态环境治理过程中，许多国家运用了包括公共财政和市场交易等在内的综合性手段，建立了以征税、市场和信贷等为主的生态补偿资金筹措机制。比如美国中央河谷工程中使用的水土保持补偿机制，即对流域内水土保持的保护者给予经济补偿，而资金来源于水土保持的受益者。这些措施不论是依托于市场交易还是政府管控，都从保障供需双方利益平衡的角度进一步实现了政策的可持续性，而制度的可持续性也是我国南水北调工程生态补偿资金供给机制在完善过程中必须考虑到的。基于此，南水北调中线工程沿线地区的生态补偿可以建立专门的沿线生态补偿基金以满足生态保护、维护、恢复和管理的资金需求，而资金来源可以包括多方面：如中央财政的拨款、国家扶贫资金、受水区发达城市贡献的财政收入、国际环保机构和非政府组织以及社会公众的捐款等；还可探索向沿线地区内的用水户、沿线地区自然保护区和风景名胜区的观光旅游等商业活动、沿线地区内水产和野生动物养殖等收取一定的费用，或对违法用水行为罚款；政府亦可通过发行生态补偿彩票、开征南水北调沿线地区生态补偿税和南水北调沿线地区生态补偿费等方式，以多元化的方式构建具有可持续性的资金供应机制。

五、重视现代信息技术的运用

国外运用现代化信息技术进行调水工程的建设和管理已较为普遍，很多国家都十分重视并大量应用了先进的管理设施和设备，如美国加利福尼亚州调水工程使用了一套现代化的通讯与控制体系，该体系伴随新技术的研发而更新换代；澳大利亚雪山工程也因现代化的管理技术和计算机智能平台闻名世界等。现代信息化技术和智能云平台的运用在为大型跨流域调水工程的运行和管理提供基础信息、提高管理效率的同时也减少了管理成本。我国南水北调中线水源工程建设中，水源公司也建成了先进的 OA 办公自动化信息系统、工程计划管理系统等，成熟的信息化系统有效地减少了投资和运行维护费用。因此，运用现代信息技术建立南水北调中线工程沿线生态补偿智能云平台及自动化控制系统，对于沿线地区生态补偿的长效开展意义极大。但南水北调中线工程沿线地区的生态补偿制度的实施并不是在某一时间点上就能够完成的，而需要经历一个长期的过程。因此，生态补偿智能云平台的构建要根据实践中具体情况的变化及时调整相关数据（包括社会经济数据、景观变化数据等），建立动态补偿协调机制。

六、完善生态补偿公众参与机制

在大型跨流域调水工程环境管理方面，国外部分国家极其看重社会公众参与的积极性和有效性，并通过多种方法为社会公众参与环保管理工作提供各种便利。如美国在调水工程管理过程中鼓励利益相关者参与环境影响评价，从而规避了很多不必要的生态破坏行为。因为单纯地依靠政府制定生态补偿制度存在弊端，政府的有限性以及信息的不对称容易给生态补偿政策的制定和实施带来负面影响。而生态补偿又涉及多方利益，为保证政策的公平性、合理性及可行性，防止在生态补偿中出现“政府失灵”，应当允许相关利益主体共同参与到政策的制定和实施过程中来。

南水北调沿线地区生态补偿保障机制的公众参与必须涵盖实体和程序两个方面。公众参与的实体方面，应该以政府宏观调控管理模式为主，以社会层面的准市场运作、多方民主协商和调水工程用水受益人参与管理的运行模式为辅，促使南水北调工程管理机构在进行工程管理的过程中，相关利益主体通过协商形式参与管理，充分发挥公众的监督权和参与权。公众参与的程序方面，要保障公众的知情权、异议权、申诉权等相关权利。南水北调工程沿线地区水资源生态补偿管理机构要及时利用广播、传媒、报刊和网络等媒介向社会公众公布相关法规政策、污染状况等信息。同时培育相关利益代表组织，聘请相关专家参与论证，充分听取社会各界的意见，提高补偿决策的民主性和科学性，从而确保生态补偿工作的效果。

第五章　南水北调中线工程沿线生态补偿制度建构

结合当前南水北调中线工程沿线生态环境保护与生态补偿的现实背景，在环境法治视阈下，建构法治化的南水北调中线工程沿线生态补偿制度体系，可从生态补偿理论基础、生态补偿构建原则、生态补偿法律关系以及生态补偿制度体系等几个方面具体展开。

第一节　南水北调中线工程沿线生态补偿制度构建的理论基础

当前，学界对于生态补偿概念的研究已具有丰富的研究基础和成果体系，同时也总结出了生态补偿在不同视阈下所具有的共性特征，如补偿方式以经济手段为主、作为重要补偿主体的国家一般通过对环境利益受损主体的补偿来实现公平正义等。由于工程沿线所涉及的生态环境保护范围不仅包括了一般意义上的自然生态系统，还包括了人工水利工程，所以南水北调中线工程生态补偿在理论依据方面和一般自然生态系统范围内的生态补偿还有一定的区别。在此背景下，在构建南水北调中线工程生态补偿制度体系时，有必要将南水北调中线工程的具体实际和自然生态系统的生态补偿基础理论结合起来，对其理论依据做出准确把握，进而实现生态补偿在自然生态系统与人工水利工程两方面的有效衔接和适用。

一、自然资本理论

自然资本是指那些能够带来经济社会收益的生态资源和生态环境①。良好的自然生态就是一种发展的资本，是可以决定经济发展后劲的最重要资本。自然资本主要包括以下3个方面：①自然资源总量(可再生资源与不可再生资源)和环境消纳废物与转化废物的能力，主要指能够直接进入当前社会生产与再生产过程的自然资源；②生态潜力，即自然资源与环境的质量变化与再生量变化；③生态环境质量，指生态系统中的各类生态因子(水、空气、土壤等)为人类提供生命和社会生产消费所必需的环境资源。② 随着社会的发展、人类活动范围的扩大、活动强度和频度的增大，自然资本存量的有限性和人类需求不断增大之间的矛盾导致了自然资本的稀缺性问题。人类开始意识到应该平衡自然资本的索取与投资。在现代生活中，部分生态系统已由自然生态系统转化为半自然生态系统，甚至人工生态系统，大多数情况下的生态资产由自然资产转变为人造自然资产。随着生态资本的增值，生态投资者不能得到相应的回报，导致了一系列环境与经济问题的出现。

南水北调中线工程作为国家发展战略层面的工程，国家财政和地方财政对工程的建设和运行提供了大量资金保障，带动了国内包括建筑、交通、制造等多个产业的发展。在此过程中，根据《宪法》《环境保护法》等相关法律的规定，国家作为自然资源的所有者和管理者，在对南水北调中线工程这一人工水利工程进行水资源调控时，必须承担起合理有效利用自然资源的责任。

二、公共物品理论

公共物品即那些既具有非排他性又具有非竞争性的物品，每个人消费这种物品不会导致别人对该物品消费的减少③，是指一定程度上共同享

① 穆治辊.增进生态资本：可持续发展的基本要求[J].科技导报，2004(1)：55-57.

② 沈满洪，杨天.生态补偿机制的三大理论基石[N].中国环境报，2004-03-02.

③ 臧旭恒，曲创.从客观属性到宪政决策——论“公共物品”概念的发展与演变[J].山东大学学报，人文社会科学版，2002(2)：37-44.

用的事物，该内涵是相对于私人物品而言的。公共物品的非竞争性和非排他性，使得它在使用过程中容易产生两个问题："公地的悲剧"和"搭便车"问题。"公地的悲剧"①指每个人都可以无条件地、非竞争地、非排他地使用公共物品，人人追求利益最大化，最后的结果就是所有人的毁灭。"搭便车"问题是指由于使用者不需要支付任何成本就可以享受到与支付者完全等价的物品效用，私人经济主体不愿意主动为公共产品付费，总想让别人生产产品而自己免费使用，从而影响了公共物品供给成本分担的公平性，以及公共物品供给持续性和永久性等。

南水北调中线工程为国家主导兴建的水资源调控工程，体现了国家作为自然资源的所有者和管理者为实现国民经济发展而对水资源进行的调控。同时，水资源的调控不仅对输水区的自然生态系统产生了影响，也会对水源地及干渠两侧地区产生影响。为保障水源质量，水源地及干渠两侧相关主体采取了一系列的生态环境保护措施，从而造成了利益损失，也体现了该工程的公共物品属性。

南水北调中线工程的输水干渠沿线区域包括水资源严重匮乏的区域，也包括河南、河北两个经济发展较为困难的中部省份。南水北调中线工程的投入运行，在缓解我国北方地区用水问题的同时，也为这些地区在水资源的方面提供了经济发展基础和条件，进而改善了这些地区的经济发展环境和潜力。由此可见，南水北调中线工程的公共物品属性主要体现在两个方面：一方面，由于水资源的空间性及其在当地自然生态系统的属性产生了变化，输水区的水资源使用率和生态系统服务下降，造成了该区域主体利益损失；另一方面，由于调水工程目的在于缓解我国北方地区用水紧张问题，且工程的运行保障了沿线区域的用水并改善了生态环境，这在一定程度上体现了工程对水资源合理使用的公共物品属性。

为实现水资源的公共属性，南水北调中线工程还采用了"政府宏观主导、市场机制运作"的原则，对沿线用水科学划定收费标准，这不仅实现了自然生态资源使用过程中的公平正义，而且也在较大程度上缓解了沿线地方财政的压力。

---

① 科特雷尔.环境经济学[M].商务印书馆，1981：14-15.

三、外部性理论

外部性概念源于马歇尔1890年提出的“外部经济”概念，马歇尔把企业内分工带来的效率提高称作是内部经济，而把企业分工所导致的效率提高称作是外部经济。[①] 外部性理论是一种成本或者效益的外溢现象，即某种商品的生产者或消费者自身并不承担生产或消费这种商品所产生的有益或有害的作用，外部性也包括外部经济性和外部不经济性两种。根据环境经济学理论，经济的外部性应该内部化，即由行为人承担所造成的外部不经济性的后果，或是享受外部经济性的成果。但值得注意的是，并非所有外部性物品都是公共物品，也并非所有的公共物品都是外部性物品。[②] 在环境保护工作中，经常会遇见外部经济性和内部不经济性交互作用的例子，流域上下游地区的水资源利用和生态保护就是由环境引发的经济外部性的一个典型案例。

正外部性是指行为人实施的行为对他人或公共的环境利益有溢出效应，但其他经济人不必为此向带来福利的人支付任何费用，即无偿地享受福利。在跨流域调水中，由于国家的行政命令，水资源调出区为了保持水资源的水量和水质付出了成本。然而，因水资源质量的改善产生的生态利益会被调入区和沿途的省份分享，而享用者却可以在得到这种利益的同时免于为此支付费用，反映了南水北调中线工程对沿线经济发展的正外部性影响。根据国务院南水北调工程建设委员会办公室消息，截至2017年10月3日，南水北调中线工程共调水100亿立方米，已向4省市供水95亿立方米，其中，向北京供水27亿立方米、天津供水22亿立方米、河南供水35亿立方米、河北供水11亿立方米。南水北调中线工程除了缓解上述受水区水资源紧张问题，还对从自然生态环境保护、集约型经济发展模式建设、自然灾害预防等多个方面对工程沿线的经济社会发展起着促进作用。

南水北调中线工程的正外部性除了体现在经济发展方面，还体现在

---

① 马歇尔.经济学原理[M].朱志泰，陈良璧，译.北京：商务印书馆，1890.

② HOLTERMANN S E. Externalities and Public Goods[J]. Economica，1972，39(153)：78-87.

自然生态系统方面。水体作为自然生态资源的重要部分，不仅在生产生活等经济发展领域有着重要价值，而且在改善生态环境、形成良性生态系统方面也发挥着关键作用。南水北调中线工程在对受水区进行水资源输送时，不仅受水区为保障饮用水安全对水源地或干渠两侧的生态环境进行了改善，而且向受水区输送的水资源本身对该地原有的生态环境系统也有着改善功能。

第二节　南水北调中线工程沿线生态补偿法律制度构建的原则

南水北调中线工程沿线生态补偿制度不仅需要从环境法学角度提供充分的理论依据，作为生态补偿制度从理论向实践的转变，南水北调中线工程沿线生态补偿制度仍然需要以实践应用，即解决南水北调中线工程运行过程中的现实问题为制度构建的重要目标。因此，工程沿线生态补偿制度构建的原则可从以下三个方面具体展开。

一、利益协调原则

公共物品性、对沿线经济发展和生态保护具有正外部性影响、实现南水北调中线工程管理的善治模式为南水北调中线工程三项重要属性。南水北调生态补偿主要是指国家为履行公共自然资源管理者的职能，在通过人工水利工程调配水资源过程中，为实现环境公平正义和各主体环境利益协调，由国家作为主要补偿主体、协同相关受益企业、公众对从事工程沿线环境保护工作的相关主体所产生的利益损失通过财政、政策、技术等手段予以补偿，进而通过此种有序有效的监管模式实现经济、社会、环境三者的协调发展。南水北调中线工程除了对沿线企业和居民的正常生产经营活动产生影响，也影响了工程沿线区域地方经济发展空间和政府财政收支平衡，使经济发展与环境保护之间产生了明显冲突。构建南水北调中线工程沿线生态补偿制度，通过法律制度对相关主体行为和机制运作予以有效规制，不仅可以在较大程度上实现对沿线包括地方政府在内的利益主体的补偿，而且可以促进我国人工调水工程区域经济和环境保护的协调发展。

与此同时，构建生态补偿制度的主要目的在于通过对沿线各主体因开发利用自然资源或生态空间而遭受的各种损失进行合理补偿，实现开发利用自然生态系统过程中受损主体的利益得到应有补偿。也就是说，在南水北调中线工程沿线生态补偿制度框架下，制度保障的重心在于沿线因工程开发、运行而遭受相关损失的各类主体，并且通过对这些主体的补偿来实现个体环境利益保障与整体区域乃至国家经济发展的有机协调。然而，在南水北调中线工程开发、运行实践过程中，当前各主体对南水北调中线工程沿线生态环境的保障付出了较大代价，但难以获得补偿，从而为实现个体生态环境利益与整体经济协调发展制造了阻碍。因此，南水北调中线工程沿线生态补偿制度框架的构建，一方面要以有效缓解地方日趋紧张的行政主体与社会主体之间的矛盾、实现工程的顺畅运行为主要依据；另一方面应当把社会主体作为行政决策制定和实施的重要部分，使公众充分表达其利益诉求，进而提升工程沿线生态补偿的工作效率。

二、多元补偿原则

南水北调中线工程以调水为中心形成了一个复杂的人工流域生态系统，有关生态补偿的制度构建也应当综合考虑各种利益关系、补偿方式和机制，唯此才能真正发挥生态补偿的效益、实现生态补偿的价值目标。在南水北调中线工程沿线生态补偿制度构建过程中，不仅需要政府通过财政转移支付进行生态补偿，市场机制也要发挥重要作用。国外调水工程生态补偿的理念和实践主要坚持了“谁使用谁付费”的原则，这与我国国家政策明确的“谁获益谁补偿”生态补偿理念相吻合，进而可建立政府主导的水资源市场交易平台，鼓励符合条件的社会主体参与，合理分配水资源。另外，要构建多元化生态补偿资金筹措渠道。在合理配置我国国家和地方财政转移支付比例时，可通过绿色信贷、绿色保险、民间资本投资等绿色金融方式发挥社会资本价值。同时，要注重发挥公众参与的功能。公众、企业在调水工程实践中扮演着重要角色，公众参与不仅有利于对各利益相关主体利益损失的补偿，而且也有利于政府生态补偿工作效率的提升。南水北调中线工程生态补偿制度可在生态补偿政策制度的实施、利益表达机制的构建、多元主体互动协作机制的完善等方面发挥公众参与的价值。

三、保护优先原则

当前我国有关生态补偿政策及法律文件包括《中华人民共和国国民经济和社会发展第十三个五年规划纲要》《关于健全生态保护补偿机制的意见》等国家政策以及《环境保护法》规定的“国家建立、健全生态保护补偿制度”，这些都为工程沿线生态补偿制度构建提供了目标指引。南水北调中线工程沿线生态补偿制度目标总体包括：一是保障工程生态安全。南水北调中线工程的直接目的是将南方清洁的水源输送到北方五省区。这是工程建设的初心，也是生态补偿实施的直接动力。因此，生态补偿各项制度措施都应当围绕着保障工程生态安全的目标而进行。二是平衡工程沿线主体利益关系。工程沿线的生态补偿主要是通过补偿主体向受偿主体进行多重方式补偿，减少甚至填平受偿主体的相关利益损失，使全体社会主体在利用自然资源时具有平等、公平的权利。结合南水北调中线工程沿线生态补偿实践，主体利益关系主要包括了政府内部间利益关系、政府与公众间的关系、政府与企业之间的关系，即行政主体内部之间、行政主体与社会主体之间两对主要利益关系类型。三是实现工程沿线区域的可持续发展。当前南水北调中线工程沿线工程建设、经济发展、生态环境保护之间的协调仍存在一定问题，而促进区域经济发展与沿线生态保护相协调，实现区域的可持续发展，也应是构建工程沿线生态补偿制度体系的目标取向。三个制度目标相辅相成，生态安全的保障居于优先地位。因此，生态补偿资金的落实、生态补偿效果的实现等都要通过生态补偿制度建构来达到保障南水北调中线工程沿线生态保护的目的。

第三节　南水北调中线工程沿线生态补偿法律关系

法律关系的存在以法律规范为前提，以法律事实为基础。通常认为，法律关系是法律规范在指引人们行为、调整社会关系过程中所形成的权利和义务联系。① 法律关系包括三个要素，即主体、客体和内容。

一、南水北调中线工程沿线生态补偿法律关系概述

南水北调中线工程将长江流域、淮河流域、黄河流域、海河流域连成一体，使得整个水系统无形中变得极为复杂，流域与流域之间不再是一种互不相关的状态。从系统论角度看，南水北调中线工程将原来各不相关的系统组成了大系统，各个流域系统只是这个大系统中的子系统。这个大系统也将原来各个流域中的利益相关者进行了整合，使互不关联的利益相关者之间存在了联系。但要将整个大系统中生态补偿利益相关者之间的关系都厘清，将是个极为复杂的工作。基于地理概念，南水北调中线工程调水系统包含调水区、输水区和受水区三个部分，可以从这三个部分来寻找生态补偿利益的相关者。南水北调中线工程调水具有多流域，其中牵涉非常多的社会因素，导致生态补偿关联到众多利益相关者。

实际上，只要是与南水北调中线工程沿线生态补偿利益协调有关系的主体，都是南水北调中线工程沿线生态补偿的利益相关者。对南水北调中线工程沿线生态补偿利益关系进行梳理和简化后，应当明确各利益相关者所享受的权利以及应承担的义务。南水北调中线工程沿线生态补偿法律关系得到确认，则有利于各利益相关者权利和义务的明确化，从而有助于生态补偿的落实，如补偿方式的具体选择、补偿标准的确定等。

法律制度的首要目的是提供激励机制，激发个体或集体合法行为的发生，取得预期法律效果，造成理想法律秩序。② 构建南水北调中线工程沿线生态补偿法律制度的前提是主体明确，且要求各个主体的权利和义务明确，法律制度才能顺利构建。也就是说，权利义务关系是法律制度构建的基础。法律制度的核心是权利义务关系，通过设置权利、义务与责任，促使每个人对自己的行为负责。如果每个人都对自己的行为承担完全的责任，那就可以实现法律的秩序价值。分析南水北调中线工程沿线

① 蔡守秋.环境法律关系新论——法理视角的分析[J].金陵法律评论，2003(1)：46-65.
② 丰霏，王天玉.法律制度激励功能的理论解说[J].法制与社会发展，2010(1)：139-149.

生态补偿法律关系主体、客体和内容，正是为了界定不同利益关系主体各自的权利义务，对补偿内容、补偿方式、责任承担、保障措施等方面进行具体规定，以便通过规则，强制行为主体对自己的行为承担完全的责任。以上围绕权利义务的实现形成的各项规定构成了南水北调中线工程沿线生态补偿制度。

梳理南水北调中线工程沿线生态补偿法律关系，以法律的形式明文确定生态补偿的主体、客体，并将其权利义务及其实现方式以法律条文的形式固定下来，有利于公平地承担责任。构建南水北调中线工程沿线生态补偿法律制度的目的，正是为了保护生态环境系统，实现环境保护中各个主体利益的协同保障。

南水北调中线工程沿线生态补偿法律关系包括主体、客体和内容三个方面。由于权利义务关系只在人们之间存有某种相互联系的前提下才会发生，要想明确南水北调中线工程沿线生态补偿关系中的补偿主体和受偿主体，就必须先确定其法律关系。南水北调中线工程沿线生态补偿法律关系，指依据生态补偿法律规定，基于南水北调中线工程沿线生态补偿法律事实，以补偿权利义务为内容的社会关系。这一概念包括以下几层含义：

首先，南水北调中线工程沿线生态补偿法律关系是由生态补偿法律法规所确认和调整的社会关系。一般来讲，法律规范是法律关系产生的前提，但正如孙国华、朱景文在《法理学》一书中的阐述："有些时候，某些社会关系领域虽然没有正式的法律规定，却得到国家事实上的确认和保护，或者得到习惯法的调整。"[①]这个时候，法律关系的产生依据的不是国家正式颁布的法律法规，而是其他形式的法律渊源。之后，随着对类似案件及问题的处理、积累并形成经验，形成的经验总结最后上升成为国家正式颁布的规范性法律文件。我国目前在实践中所形成的南水北调中线工程生态补偿法律关系，主要依据的是国家和地方有关法规、部门规章，有些方面的补偿活动虽然还没有明确的法律依据，但活动本身和结果得到了相关部门认可，因而其补偿法律关系是合法有效的。

① 孙国华，朱景文.法理学[M].北京：中国人民大学出版社，2015：57.

其次，南水北调中线工程沿线生态补偿法律关系是客观、真实存在的。一方面，南水北调中线工程沿线生态补偿法律关系调整调水区与受水区在补偿活动过程中所发生的社会关系。受水区在获得清洁用水的同时，有义务对资源环境、生态系统的保护者进行补偿。另一方面，南水北调中线工程沿线生态补偿法律关系不仅关注人与人之间的关系，而且尊重自然和生态的规律。南水北调中线工程沿线生态补偿，应当把人与人的社会关系、人与自然之间的生态关系综合起来予以考虑。

最后，南水北调中线工程沿线生态补偿法律关系的内容是生态补偿的权利和义务。法律是利益分化和利益冲突的产物，其实质是保障利益和维护利益，法律创制的核心内容正是利益的分配与协调。立法者用确认和分配权利义务的法律形式，回答了承认和保护哪些利益、否定和限制哪些利益以及利益保护和限制的界限划分等问题。法律规范和法律关系中都包含着主体的权利义务，但表现的形态不同。在有关生态补偿法律法规的规定中，双方权利义务还只是一种可能性，是主体能够做或者应该做的行为。而在南水北调中线工程沿线生态补偿法律关系中，补偿主体必须依照国家有关调水许可、生态补偿收费以及其他有关南水北调中线工程沿线生态补偿的法律法规具体实施补偿行为，其内容具有真实性、特定性。

二、南水北调中线工程沿线生态补偿法律关系主体

南水北调中线工程沿线生态补偿法律关系具有自身特点，它是根据南水北调中线工程沿线生态环境保护及其补偿行为所形成的。

在法律关系中，主体认定是法律关系实现的前提，有助于促进立法对社会生活的调整。南水北调是人类的理性行为，生态系统在人类活动和改造利用中发生了变化。明确南水北调中线工程沿线生态补偿法律关系的主体，主要是明确“谁来补”和“补给谁”，甚至包括“谁来监督”，而“补给谁”又涉及赔偿主体与接受主体。因此，我国南水北调中线工程沿线生态补偿主体呈现出多元、复杂的状态。

（一）南水北调中线工程沿线生态补偿法律关系主体多元化

1. 法律关系主体构成的多样性

在认定南水北调中线工程沿线生态补偿法律关系主体的时候，凡是

参加了南水北调中线工程沿线生态补偿，并在这种法律关系的产生、变更过程中享有权利和履行义务的政府、社会组织及自然人，都可以成为法律关系的主体。南水北调中线工程沿线生态补偿法律关系的主体包括：补偿主体、受偿主体和监督主体。如果没有监督主体，生态补偿资金的运作就存在障碍和风险。

2. 补偿主体、受偿主体或监督主体自身的多维性

补偿主体、受偿主体或监督主体各自在构成上也是多维的。补偿主体包括国家、社会组织和自然人。补偿主体解决了“谁来补”的问题。传统南水北调中线工程沿线生态补偿的主体是国家或地方政府，然而任何政府都无法完全承担南水北调中线工程沿线生态补偿所需要的巨额资金。伴随着南水北调中线工程沿线生态补偿市场化，企业、社会团体及自然人都可以成为补偿主体，这迫切要求法律上不禁止多维补偿主体的出现。

受偿主体包括作为国家、社会组织和自然人的“人”以及生态环境。受偿主体明确了“补给谁”的问题，“人”和生态环境都是必要的受偿主体。生态补偿有利于财富再分配和减缓贫困，更能保护自然资源，提升人类对生态系统价值的认识。保护环境和减缓贫困是南水北调中线工程沿线生态补偿两大基本目的。

监督主体包括国家机构、社会机构和公众。从我国南水北调中线工程沿线生态补偿法律实践来看，更多的是国家在履行监督职能。随着南水北调中线工程沿线生态补偿的不断深入，社会监督、公众监督的缺乏问题应得到足够重视。

（二）南水北调中线工程沿线生态补偿法律关系主体的复杂性

南水北调中线工程沿线生态补偿法律关系主体的复杂性具体表现在三个方面。

1. 补偿主体不必然是实施主体

通常情况下，补偿主体就是实施主体，而当补偿主体通过第三方具体实施生态补偿的时候，第三方就成为了实施主体。随着我国南水北调中线工程沿线生态补偿事业的发展，专门的企业、社会组织等参与到南水北调中线工程沿线生态补偿活动中，直接组织或开展生态补偿，成为生态补偿的实施主体。实施主体作为中介与保障，可以对补偿主体做出专业的财产评估，协调补偿主体和受偿主体之间的利益，与受偿主体承担连带责任。

2. 接受主体不必然是受偿主体

生态补偿的受偿主体可以是作为国家机关、社会组织和自然人的"人"，还可以是生态环境。国家机关、社会组织、自然人相对生态环境而言，他们是"人"，他们既是接受主体又是受偿主体，"人"有能力接受和使用生态补偿资金，"人"可以在补偿中减缓贫困、获得利益。而作为受偿主体的生态环境，它是受偿主体但不是接受主体，生态环境本身不可能像"人"那样，能够依靠主观能动性进行生态修复与治理，而是需要通过国家、政府、社会组织将补偿资金用于修复生态系统。[①] 只有"人"才具有成为接受主体的能力，当生态破坏超出自然界自我调节能力的时候，只有"人"的行为才能改善生态环境。在这个意义上，"人"既可以是接受主体又可以是受偿主体，而生态环境只能是受偿主体，受偿主体的范围大于接受主体。

区分接受主体和受偿主体的意义在于，"人"是南水北调中线工程沿线生态补偿资金的接受者，而生态补偿资金的用途包括两部分。一是对"人"保护调水水质水量的投入、丧失发展机会成本的补偿，这一部分资金可以用于调整经济结构、重新进行产业布局，以减缓贫困。二是用于生态环境的修复与治理。对于这部分资金，"人"不是受偿主体，只能接受而不能用于"人"自身的改善，该资金必须用于生态环境的维护。这两方面用途的区分，可以使生态补偿资金专款专用、落到实处，既要鼓励"人"在生态环境与资源保护中的积极性，也要真正使生态环境受益，实现人与自然的和谐。有学者将生态补偿法律关系的主体仅仅界定为补偿主体和受偿主体，没有对"接受主体"进行具体分析，我们难以知道"接受主体"是否就是"受偿主体"，以致补偿资金无法得到合理分配。

3. 受偿主体不必然是申诉主体

受偿主体有成为申诉主体的可能或内在动机，国家机关、社会组织、

---

① 才惠莲.论生态补偿法律关系的特点[J].中国地质大学学报(社会科学版)，2013，13(3)：57-61.

自然人都是受偿主体，当生态补偿利益受到侵害的时候，他们可以就特定的法律事实提起诉讼。但是，南水北调中线工程沿线生态补偿具有社会共享性的特征，尤其是针对调水区居民来说，它反映的不是个别、极少数人的利益。就南水北调中线工程沿线生态补偿事宜提起的诉讼是集团诉讼，调水区居民可以通过其集团"代表人"提起诉讼，受偿主体因而不一定是申诉主体。更有甚者，生态环境作为受偿主体显然没有能力自己成为申诉主体，只能通过环保团体等"监护人"提起诉讼，这时受偿主体肯定不是申诉主体。①

(三) 国家是南水北调中线工程沿线生态补偿法律关系的特殊主体

1. 国家既是补偿主体、受偿主体，又是监督主体

在南水北调中线工程沿线生态补偿法律关系中，国家可以既是补偿主体，又是受偿主体，同时还是监督主体。

国家是补偿主体。南水北调工程公益性极强，国家从社会利益出发，对水资源进行人为调配，重新分配和调整了天然状态下的用水利益。根据我国宪法的规定，国家拥有水资源所有权，可以在一国范围内协调用水利益。作为天然水资源重新分配的结果，南水北调中线工程对广大受水区而言，是一项增益性工程；而对调水区而言，为了保证良好的生态环境，确保受水区享有足够水量和清洁水质，往往是一项损益性工程。国家有必要对调水区损益部分进行补偿。

国家也是受偿主体。南水北调中线工程规模大、投资多、公益性强，基于投资风险大、投资回报率低及投资周期长等因素，私人和企业在投资上存有种种顾虑和实际困难，国家成为南水北调工程主要(或完全)的投资者。工程运行后，用水主体通过各种途径消耗掉了所调之水，享用了所调之水中的资源环境利益，而这些利益的提供者正是国家，国家应当从用水主体处获得相应补偿，以保证国家投资生态环境与资源保护的可持续性。

① 才惠莲.论生态补偿法律关系的特点[J].中国地质大学学报(社会科学版)，2013，13(3)：57-61.

国家还是监督主体。南水北调中线工程沿线生态补偿法律关系主体具有多元化的特点，国家作为其重要主体，不仅是生态补偿的决策者、执行者、受益者、而且是监督者。由于南水北调中线工程沿线生态补偿是长期、系统的工程，在具体实施监督的过程中，涉及多个部门、多个地区，目标多、影响大，不同部门的分工，不同地区的利益均衡，不同目的之间的协调，都是长期、复杂的工作。南水北调中线工程沿线生态补偿活动中，国家机构履行着重要的监督职能，且国家的监督职能具有长期性。

2. 国家不是唯一的补偿主体、受偿主体或监督主体

国家是非常重要的南水北调中线工程沿线生态补偿主体，这已经成为共识。但是，国家不是唯一的补偿主体。国家机关、社会组织和自然人都可以成为受偿主体，生态环境也可以成为受偿主体。国家不是唯一的监督主体，随着南水北调中线工程沿线生态补偿机制的不断完善，社会监督和公众监督将会发挥更大的作用。

3. 国家是虚置主体

在南水北调中线工程沿线生态补偿法律关系中，国家是一个抽象性的主体，它并不直接参与南水北调生态补偿活动，而是通过各级政府及其相关部门代为实现。

南水北调中线工程沿线生态补偿往往涉及众多省市或地区，实践中都由各级地方政府、环境保护机关磋商确定补偿具体事宜。各级地方政府、环境保护机关是国家利益的代表，代表辖区内生态补偿受偿主体或补偿主体的利益，这既是基于其本身的社会管理职责，也是出于降低生态补偿成本目的的考虑。① 各级地方政府、环境保护机关具有宏观调控能力，可以有效地突破获益者作为补偿主体所面临的局限性。

在南水北调中线工程沿线生态补偿法律关系中，国家的主体地位几乎是恒定的。特别是作为补偿主体，南水北调工程的公共物品属性决定了无论生态补偿市场机制走得多远，国家始终是最坚强、最负责任的补偿主体。

---

① 才惠莲.论生态补偿法律关系的特点[J].中国地质大学学报(社会科学版)，2013，13(3)：57-61.

三、南水北调中线工程沿线生态补偿法律关系客体

传统法律关系的客体指法律关系主体之间权利和义务指向的对象，包括物、行为和智力成果。现在出现了很多对法律关系客体的新认识。孙春伟将法律关系客体定义为，“法律设定的体现主体权利义务内容的客观事物”。[①] 法律关系客体从“对象”扩展为“客观事物”。郑晓剑指出，一些学者找到了“利益”这种能够贯穿并统合诸种客体类型的法律关系客体。[②] 姚建宗认为，近年来我国很多法理学者和民法学者都主张规定抽象法律关系客体概念，利益成为法律关系中所有权利义务的目的指向。[③] 法律关系建立的目的是保护、分配或转移某种利益，客体所承载的利益本身才是联系法律权利和义务的中介，权利义务的真实指向是利益，物、行为、智力成果等均是利益的载体。

庞德认为，“利益”在自然状态的古老观念中就已存在，法律的核心问题是利益，只要人类社会存在就会有利益问题。利益从表现形态上可以分为有形利益或无形利益、直接利益或间接利益。法律关系的客体是利益，利益是具体形式与内容的统一。[④]

建立南水北调中线工程沿线生态补偿法律关系的目的，是保护南水北调活动中的利益受损者，使其损益得到补偿。南水北调中线工程沿线生态补偿法律关系中的利益从表现形态上可以分为：“人”的利益、生态环境的利益。其中的利益损失体现为：调水区生态保护、污染治理成本，调水区因保证调水水量和水质而丧失的经济社会发展的机会成本损益，调水区因水量减少而带来的生态利益损失。南水北调生态补偿中的利益关系由两个重要部分组成，一是调水区因保证调水水量和水质而丧失的经济社会发展的机会成本，应该补偿给特定的“人”。二是调水区生态保护或污染治理的成本、因水量减少而带来的生态利益损失，应该补偿给“生态环境”。南水北调中线工程沿线生态补偿的主要目的，就是保护生态环

---

① 孙春伟.法律关系客体新论[J].上海师范大学学报(哲学社会科学版)，2005(6)：55-59.

② 郑晓剑.对民事法律关系“一元客体说”的反思——兼论我国民事法律关系客体类型的应然选择[J].现代法学，2011(4)：59-67.

③ 姚建宗.法理学[M].北京：科学出版社，2010：168.

④ 葛洪义.法理学[M].北京：中国政法大学出版社，2012：125.

境与资源，实现生态环境系统对人类社会系统可持续性地功能供给。综上，除了“人”的利益，“生态环境”利益也是南水北调生态补偿法律关系的重要客体。

在环境法学界，学者们强调环境法律关系客体具有不同于其他法律关系客体的特殊性。蔡守秋教授认为，环境法律关系不仅调整人与人之间的关系，而且调整人与自然之间的关系，这就是环境资源法学的调整论。① 调整论改变了人们对法律关系客体的认识。② 刘长兴认为，环境资源可以作为法律关系的客体。③ 王刚明确提出，生态利益可以作为环境法律关系的客体。生态利益是对环境法律关系客体新的认识。④

生态环境利益作为生态补偿法律关系客体，已经得到了学者们的支持。杜群教授指出，生态补偿法律关系的客体有两大类：资产状态的自然资源客体和有机状态的生态环境系统，即自然生态客体。⑤ 杨娟认为，在对生态环境的直接补偿中，客体就是生态环境，包括各种自然要素和整个生态系统；对贡献者的补偿中，客体主要表现为货币、优惠政策。⑥ 刘旭芳、李爱年把生态补偿法律关系的客体概括为生态环境、金钱和政策、生态补偿行为结果。⑦ 为了真正保护和改善生态环境，避免对生态环境的补偿失位，将生态环境利益作为生态补偿法律关系客体应该是我国立法与实践的重点领域。

四、南水北调中线工程沿线生态补偿法律关系内容

法律关系内容，是指具有法律上权利义务关系形式的社会关系。具有三层含义：①法律上的权利和义务。这是法律关系的法律内容，这一内容揭示法律关系的法律特征。②事实上的社会关系。这是法律关系的社会内容，这一内容揭示法律关系的社会特征。③享受权利和履行义务的

① 蔡守秋.调整论[M].北京：高等教育出版社，2003：1.
② 张文显.法理学[M].北京：高等教育出版社、北京大学出版社，1999：405.
③ 刘长兴.论环境资源的法律关系客体地位[J].环境资源法论丛，2007(1)：97.
④ 王刚.环境法律关系客体新论[J].中国海洋大学学报，2010(6)：53-56.
⑤ 杜群.生态补偿的法律关系及其发展现状和问题[J].现代法学，2005(3)：186-191.
⑥ 杨娟.生态补偿法律制度研究[D].武汉：武汉大学，2005.
⑦ 刘旭芳，李爱年.论生态补偿的法律关系[J].时代法学，2007(1)：54-57，62.

事实行为。这是法律关系的物质内容,它体现了法律关系的法律内容和社会内容的联系。通常所说的法律关系内容,是指法律关系的法律内容,即法律上的权利和义务。

南水北调中线工程沿线生态补偿法律关系中,补偿主体、受偿主体和监督主体的权利义务分别如下:

(一)补偿主体的权利和义务

补偿主体有权依照生态补偿法律法规的规定享受生态利益受益权及资源的使用权。生态利益受益权,即补偿主体享有在良好的生态环境中生活、休闲的权利,受益权来源于补偿主体对南水北调工程沿线付出或付出牺牲的居民支付的对价。资源的使用权,即补偿主体享有对调取的水资源的占有、使用、收益的权利,南水北调对水资源的合理利用建立在水资源国家所有基础之上,国家对水资源的调配也需要沿线居民的相应付出,与此同时,沿线居民享有收取合理补偿的权利。

补偿主体必须依照国家有关调水许可、生态补偿收费以及其他有关南水北调中线工程沿线生态补偿的法律法规具体实施补偿行为。补偿主体的义务主要包括:①完善生态补偿机制的义务。当前我国的生态补偿机制正处于探索完善阶段,南水北调生态补偿需要制定相应的补偿机制,同时应当拓宽当前生态补偿以财政转移支付为主的补偿渠道,探索多元化的生态补偿方式。②给付补偿费用的义务。生态补偿的主要表现形式为补偿资金的给付,补偿主体无论是通过财政的转移支付还是通过市场化的生态服务定价,均应当承担及时足额给付金钱的义务。③合理利用水资源的义务。南水北调工程为沿线城市提供优质的水源,解决了需水城市和地区的用水焦虑问题,但这并不意味着补偿主体就可以不受限度地利用水资源。补偿主体应当在合理的限度内,科学安排、利用水资源。

(二)受偿主体的权利和义务

受偿主体的权利主要包括:①主张合理补偿费用的权利。生态补偿的受偿主体有权根据法律政策规定或与补偿主体间的生态补偿协议获得补偿费用。补偿费用是生态补偿给付的重要内容,也正是补偿主体需要承担的生态补偿费用给了受偿主体以激励。②法律救济权。受偿主体为工程的建设及运营做出了相应的牺牲,在受偿主体没有得到足额或应有的金钱给付的情况下,受偿主体有权通过申诉或诉讼的途径主张其权利。

受偿主体的义务主要包括:①提高工程沿线生态功能的义务。受偿主体作为工程沿线接受生态补偿转移支付的主要群体,应当承担对工程沿线植被和生态系统的维护义务,并有义务及时消除可能不利于工程主干渠的因素。②按照法定或约定使用补偿费用义务。生态补偿费用给付给受偿主体后,受偿主体往往需要在其行政区域内合理统筹安排补偿资金的用途,但其统筹安排的前提是按照法律政策规定或补偿主体与受偿主体间的约定。③依照相关法律规定逐步关停并禁止新设污染企业的义务。工程建设及运营需要工程沿线的居民或企业不得有排放污染物质的行为,因此对生活在沿线附近的民众而言,其不能进行有污染物质排放的活动。

(三)监督主体的权利和义务

狭义上的监督主体与补偿主体在一定程度上存在重合,即作为补偿主体的政府和作为监督主体的政府身份发生了重合。那么同时身为"运动员"和"裁判员"的政府应当如何履行监督职责需要被认真思考。政府作为监督主体,其享有权利如下:①监督权。政府在监督职权行使上可以主动要求被监督主体及时就某些问题或事项做出说明,可以定期开展对被监督主体的检查。同时就社会公众反映的问题及时做出回应。②处理权。监督主体可根据自身权限就出现问题的事项进行处理,包括但不限于警告、罚款、问责等处理方式。③建议处理权。倘若监督主体自身没有就问题事项进行处理的权限,那么监督主体可以向有权处理的机关发送处理建议,处理建议应当列明问题基本情况、违法或违规情形、拟处理建议等。

政府作为监督主体同时应当承担下列义务:①信息公开义务。监督主体在就问题事项进行调查时,应及时、准确公开其调查过程和处理结果。其信息公开义务的履行不仅是职权范围之内的义务,更是为了充分与社会公众进行信息沟通,消除社会的质疑。②接受检举控告义务。政府监督主体应当接受检举、控告,畅通检举、控告渠道,保障检举人、控告人的合法权益。

对社会公众而言,其在履行监督时享有以下权利:①检举权。社会监督主体发现违法情形后有权就违法事项向主管部门检举，检举时应就检举事项做出一定说明。②信息知情权。社会监督需要建立在信息公开透明的基础上，因此社会监督主体尤其是利益相关方有权要求政府或企事业单位公开不属于国家秘密和商业秘密的事项。③申诉控告权。当利益相关主体受到不公正待遇或权益受损时，该主体有权就其遭受到的损失向有关部门提出申诉控告。社会监督主体在享有监督权的同时应当对其检举、申诉、控告事项的真实性负责，不得做出虚假的检举、控告或申诉。

第四节 南水北调中线工程生态补偿制度体系

南水北调中线工程沿线生态补偿制度框架，一方面应反映出该制度平衡沿线各主体利益、促进沿线经济协调发展的重要主旨，另一方面也应以生态补偿制度构建的现实背景为基础。结合南水北调中线工程对于生态补偿的现实需求以及我国国情，工程沿线生态补偿制度可由政府转移支付、政府购买、生态补偿基金和生态补偿绩效评估制度四部分组成。

一、政府转移支付制度

根据《宪法》第九条规定，国家代表全体公民作为自然资源所有者的同时也应当承担着管理自然资源的责任，包括在自然资源使用过程中对于其他主体造成的利益损失进行补偿的责任。根据南阳市南水北调办的统计，目前地方财政在关停企业补偿和职工安置、取缔养育网箱资金投入、关闭畜禽养殖场、投资生态防护林各项支出总计已超过 93 亿元，其中缺口在 35 亿元以上。为了实现生态系统的可持续性，政府必须将一部分财政转移给南水北调工程调水区，补偿他们因生态环境保护而可能丧失的经济发展机会。结合河南省南水北调中线工程沿线生态环境的实际，应当把国家财政转移作为重要补偿方式，同时探索并完善仍在发展初级阶段的间接补偿、政策性补偿等。而政府转移支付制度主要是指由各级人民政府，尤其是中央政府通过财政拨款向南水北调中线工程沿线各主体提供相关利益补偿。在此过程中，具体补偿包括了相关基础设施建设费用、居民迁移费用、沿线相关企业产业结构调整升级支出、基层人民政府财政支出等内容。从类别上来看，政府转移支付制度包括政府纵向转移支付和政府横向转移支付。

在纵向转移支付方面，主要是由中央财政向工程沿线相关主体，包括政府、企业、公众等利益损失者提供相应的补偿。在此过程中，根据“国家监督管理生态系统”理论，国家应当是以“公共环境资源”管理者的身份成为“生态系统自然生命体”的一个必然护卫主体。所以，一方面，应当明确通过人工输水工程调配水资源的国家为生态补偿重要主体，明确受水区相关受益主体为补充主体；另一方面，由于河南省政府对地方生态环境保护事项进行了统一部署，为保障生态补偿财政支出的统一性，可以把省级人民政府作为生态补偿的受偿主体，由省级人民政府统一安排生态补偿资金并交由省辖市政府开展生态补偿工作。在申请国家层面生态补偿财政转移时，一方面，省级人民政府应首先组织协调南水北调中线工程沿线省辖市开展调研统计工作，各省辖市应在当地各利益主体对南水北调中线工程生态环境保护投入的基础上，结合生态补偿范围、标准等要素，对当地财政在生态补偿领域的支出与缺口进行客观、全面统计并上报省级人民政府统一汇总；另一方面，国家生态补偿财政资金的使用，仍然由省级人民政府根据各省辖市具体实际予以统一拨付，具体标准则根据各省辖市对包括企业、公众等利益相关主体进行全面客观的利益评估，进而实现对各主体利益的保障。同时，各省辖市政府也应把本级和县级政府针对南水北调生态环境保护而进行的财政支出和缺口进行科学统计和上报，进而获得国家财政的支持。

而在横向转移支付方面，则是由作为南水北调中线工程沿线利益享受者的人民政府，向水源输出地和工程沿线相关政府提供相应补偿。在横向转移支付过程中，由于各级人民政府包括作为利益享受者的地方人民政府财政压力较大，如果单一地以财政转移为生态补偿的手段，一方面，相关责任主体难以完全承担其补偿责任；另一方面，也难以对利益受损者进行有效补偿。在此背景下，横向转移支付制度可在传统的财政转移支付基础上，充分发挥利益享受者所在地的科技、技术、资源、教育等多方面的优势，向利益输出地提供包括人才交流合作、技术装备支持、定点帮扶、迁出居民安置等支持，在缓解相关地方人民政府财政压力的同时，对工程沿线作为利益输出方的各级人民政府进行针对性支持。

二、政府购买制度

政府购买制度主要是指政府通过财政购买的方式向社会组织、专业服务机构等第三方主体购买服务、技术装备等，把自身原有的生态补偿责任通过购买的形式交由第三方主体予以履行。此种制度不仅缓解了政府在生态补偿过程中面临的各种工作压力，包括技术设备短缺、人员匮乏等问题，而且有益于实现生态补偿责任落实的公开性和公正性，更有利于对南水北调中线工程相关利益受损主体予以有效补偿。政府在生态补偿领域通过购买服务的方式实现其生态补偿责任的履行，不仅是其法定职能的要求，而且也是在构建现代化环境治理体系过程中实现政府、企业、社会组织共治的应有之义。

在南水北调中线工程生态补偿过程中，政府购买服务可通过合同、外包等方式与专业的服务机构实现有效的互动协作，实现政府生态补偿的法定职能。在此过程中，一方面，政府通过这种购买服务的方式向社会组织提供生态补偿的相关具体要求；另一方面，此种购买服务的方式也应当是符合我国《环境保护法》《公众参与办法》等相关法律法规中政府信息公开的责任要求。也就是说，政府通过购买服务的方式实现其生态补偿的法定职能，也应当包括向社会公开其购买服务的这种行政行为。具体而言，虽然政府与社会组织等专业服务机构通过合同外包的方式实现其生态补偿职能，具有明显的民事性的特征，但是其购买服务的这种行为在本质上仍然是属于其行使法定职能的一种表现。此种购买行为也应当包括向社会公众公开具体的购买对象、购买方式、服务要求等内容，进而实现公众对政府生态补偿职责的了解。在此过程中，根据政府公开的内容，公众可以通过合法渠道向政府进行反馈，表达自己的利益诉求；而结合具体的实际情况，政府可以通过论证会、听证会等信息公开方式，与公众实现有效的互动沟通，进而形成政府、企业、社会主体互动沟通的有效平台。因此，在今后南水北调中线工程生态补偿中的政府购买服务制度中，除了应对政府向第三方购买服务的具体内容、购买环节、双方权责义务进行明确，还应当把购买服务行为纳入信息公开相关法律制度的范围，赋予公众尤其是利益相关主体对于购买行为进行监督的权利，进而提高该项制度利益补偿的针对性和有效性。

三、生态补偿基金制度

生态补偿基金制度主要是由政府主导，吸引并引导社会资金进入生态补偿领域，进而缓解和弥补政府财政在生态补偿领域的支出压力。生态补偿基金制度体现了政府在环境治理，尤其是在生态补偿领域的主导性地位。而对于资金的引入，则需要政府积极发挥其职能，通过政策引导、优惠扶持等多种方式吸引社会资金来实现生态补偿的市场化运作。在生态补偿的基金来源方面，它可以由政府、金融机构、社会投资主体等多种形式组成；而在管理使用方面，它可以是在政府主导下，相关社会主体共同参与的一种管理机制，一方面需要结合政府对于生态补偿的现实需求，另一方面也需要符合生态补偿相关主体的利益需求，通过双方的互动协作互动沟通，实现生态补偿基金的有效合理使用。

南水北调中线工程纵穿河南省南北，工程施工占用了该省大量的耕地、林地等土地，对作为农业大省和人口大省的河南省经济发展造成了一定影响。同时，工程的建设打破了河南省原有的生态系统，造成该区域原有的依赖于当地良好生态系统的正常生产、生活活动难以继续。按照规定，工程沿线生态补偿范围包括了自然生态系统受损产生的利益损失、保护和改善工程沿线生态环境造成的利益损失、地方政府用于生态保护的财政支出、自然生态系统修复成本等多个方面。政府财政转移支付制度和政府购买服务制度的主要责任主体均在于各级人民政府，政府在这两种制度中扮演着关键的角色，可为南水北调中线工程沿线各地的生态补偿工作提供有力的支持。但是，由于当前我国各级人民政府，尤其是基层人民政府在各方面面临着严峻的财政压力，工程沿线生态补偿如果单纯地依靠政府来展开各项工作，不仅会造成政府财政面临着巨大的困境，而且也不符合现代化环境治理体系中政府主导、企业为主体、社会组织和公众共同参与的治理理念。在此背景下，生态补偿基金制度则是发挥贯彻了政府在生态补偿过程中对于资金来源的主导性职能，政府通过绿色信贷、绿色投资、绿色股票等绿色金融制度引导社会资金进入生态补偿领域，形成系统性完整性的生态补偿基金制度，进而与政府财政转移、政府购买服务制度共同构成南水北调中线工程生态补偿的制度体系。

四、生态补偿绩效评估制度

绩效是指对管理活动结果的评价，用来描述活动的结果与设定的目标之间的差距或接近程度。生态补偿绩效评估是用来描述生态补偿相关政策、资金落实之后的环境效益的评价，是对生态补偿政策执行效率的综合反映。生态补偿绩效评估的本质是对生态补偿内涵、方向、路径的经济分析过程，是一种发现补偿过程中存在问题的监督和反馈机制，以便能及时对其进行纠正和改进，从而提高生态补偿的质量、效率和公平性。因此，有学者认为，随着生态补偿工作的深入，必须将绩效评估工作与生态补偿政策配套开展，才能做好对政府生态补偿工作的监督和对生态补偿政策的引导。[①]

南水北调生态补偿是一项涉及生态、经济、社会和政策法规等内容的复杂工程，是各利益相关方相互博弈的过程。[②] 开展南水北调生态补偿绩效评估要体现正确的政绩观，建立科学的生态补偿绩效评估体系，制订合理的资源利用规划。通过生态补偿绩效的评估，健全监控和责任追究制度，引导受偿区地方政府和群众在生态补偿条件下协调生态屏障保护、经济发展和生活改善的关系，使政府和群众之间的利益博弈由非合作转向合作均衡博弈，以保证工程沿线生态补偿能够有效地促进调水工程的生态、经济和社会的协调与可持续发展。

由于生态补偿绩效评估制度涉及较多的环境科学内容，尤其是在关键评价指标的筛选和测算方面需要进行广泛调查和深入论证。对此，建立生态补偿绩效评估制度应当遵循下列原则：①可持续发展原则。南水北调生态补偿的首要任务是维持工程沿线生态环境功能，因此，要在保障

① 欧阳志云，靳乐山，等.面向生态补偿的生态系统生产总值(GEP)和生态资产核算[M].北京：科学出版社，2017.

② 刘春江，薛惠锋，王海燕，等.生态补偿研究现状与进展[J].环境保护科学，2009(1)：77-80.

工程沿线生态系统健康前提下，以工程的安全为基础，使工程沿线地区的社会经济发展能够建立在生态系统可持续发展所允许的承载阈值范围之内。②均衡协调发展原则。南水北调生态补偿要处理好工程沿线地区的生态保护、经济发展和生活改善的关系，生态是基础，生产是手段，生活是目的，三者具有相互影响、相互作用、相互制约和相互促进的内在逻辑关系，过分强调任何一方都会引发地区内生态系统的失衡。因此，南水北调生态补偿资金的使用，要以生态建设为根本，以改善生计和脱贫致富为目标，三者维持一种均衡协调发展的比例结构，才能保障生态补偿资金的投入取得预期的效果。③公平、公正和有效性原则。工程沿线地区间的发展不均衡，若按照林地承包面积进行补偿，势必造成极大的不公平和不公正，引发一系列的社会纠纷和矛盾。因此，在进行生态补偿时必须依据不同生态廊道和建设项目在空间上所处的生态地位，构建多样化的补偿模式，确定合理的补偿标准，公平、公正地分配有限的补偿资源。④分类评价原则。不同区域生态廊道的主体功能不同，生态补偿的要求和目标也不同。针对不同区域的特点和要求，以及相应的补偿方案，分别设计不同的绩效评价指标体系，考核不同的侧重面，实行分类评价，摆脱以 GDP 为导向的枷锁，以生态廊道的生态系统服务价值增量的动态变化作为绩效评价标准，设计符合不同功能区特点的生态补偿绩效评价体系。⑤评价指标体系的科学性原则。构建南水北调生态补偿绩效评价体系要从生态、经济和社会的角度，全面反映评价对象，评价指标及数量的选择要符合实际需要，把握关键绩效因子，将反映成绩的指标、反映过程的指标、揭示问题的指标、措施性指标和统计监测性指标结合在一起，指标权重确定要合理，尽量减少人为因素，要求数据资料易获取、评价模型直观简便，具有可操作性、动态性和可靠性。

第六章　南水北调中线工程沿线生态补偿保障机制

南水北调中线工程沿线生态补偿价值目标及制度落实必须依靠相关保障机制才能有效实现。有效的立法是保障南水北调中线工程沿线生态补偿制度实施的前提，清晰的补偿程序是落实补偿到位的程序性保障，明确的补偿责任、监督与救济机制是生态补偿保障的重要组成部分。

第一节　南水北调工程生态补偿立法保障

在我国法治国家、法治政府和法治社会的建设中，专门就南水北调工程生态补偿进行立法不仅有利于保障南水北调中线工程的水质和生态安全，也有利于平衡工程水源区、沿线等各方的利益，促进共享发展。自2014年通水以来，南水北调中线工程不仅为北方5省区提供了优质的饮用水水源，而且有效优化了我国水资源配置格局。尽管中央财政及京津地区也对水源区进行了不同形式的生态补偿，但是目前的生态补偿对水源区的社会经济发展仅是杯水车薪，更重要的是，补偿资金的来源和使用缺乏制度依据，很难形成长效机制，这导致南水北调中线工程生态安全的维护以及沿线区域人民生产生活的稳定发展难以保证。为了进一步保障南水北调中线工程的生态安全，制定《南水北调工程生态补偿条例》意义重大。

一、专门制定《南水北调工程生态补偿条例》

南水北调工程建设的特殊战略地位决定了《南水北调工程生态补偿

条例》(以下简称《生态补偿条例》)的出台。从国家的发展战略来看,南水北调东、中、西线工程建设是调整我国重点区域经济社会发展的重要战略布局。特别是南水北调中线工程的通水不仅为北方5省提供了优质水源,而且采用生态补水的方式更是有效促进了华北地区的生态系统安全。南水北调工程不仅关乎区域经济发展、关乎国家安全稳定,其也是民心工程、生态工程。南水北调工程生态补偿是促进区域协调发展、保障民生利益、维护生态安全的必要选择。生态补偿作为生态系统保护中的一个基本制度,其对维护南水北调工程生态安全具有重要意义。南水北调工程生态补偿通过专门立法确定生态补偿的相关制度和程序,使得水源区与工程沿线的生态补偿政策落地实施,相关利益主体的权益得到有效保障,国家重大战略布局得以有效实现,这样沿线相关利益群体才能真心维护生态安全,更防止了"生态致贫"问题的发生。

制定《生态补偿条列》的立法意义有以下几点。

(1) 维护南水北调工程生态系统安全的需要。南水北调工程不仅是一个输水工程,而且其从水源区到受水区形成了以调水工程为中心的新的人工流域生态系统。该人工流域的生态系统安全也是国家安全的重要组成部分。尤其随着南水北调工程的通水,工程拉动了人口的集聚和经济的繁荣,促进了工程沿线城镇化的发展,这种发展趋势极易导致工程沿线生态系统的不稳定。对工程沿线生态补偿进行专门立法是保障沿线相关利益群体维护工程沿线生态安全的重要手段。南水北调工程作为人工调水工程,其成功通水承载着水源区和沿线区域千万人口的牺牲和奉献,出台《生态补偿条例》是给予各级地方政府对做出牺牲的利益群体提供补偿的法律依据,是给予地方政府开展工程运行维护工作的有力支撑。南水北调工程生态补偿不仅是对水源区的补偿,更是对沿线所有付出努力和做出牺牲的利益群体的认可和支持。

(2) 沿线区域协调发展的需要。生态补偿是保障南水北调工程沿线地区经济发展与环境保护协调统一的关键环节。当前,不可否认的是南水北调工程已经与沿线区域的生态环境系统共同形成了新的人工—自然生态圈,因此,应当将其看作是一个整体流域。流域是一个整体,但内部又存在经济发展、社会环境、生态资源的不平衡,这就需要既强调共性又针对个性，如果不能平衡各方利益形成协调机制，最终就会造成全流域的损失。① 而生态补偿法律制度的确立，既能平衡沿线地区的经济发展，又能保护环境。

另外，南水北调东线、中线工程的通水，不仅改变了工程沿线地区居民的生活发展状况，平衡了我国南北方地区经济发展，而且改善了我国北方地区生态环境系统恶劣的状态。因此，从长远看，南水北调工程的着眼点应当从工程建设转向工程的运行、维护和措施保障上。而生态补偿立法正是为补偿工程建设中自身利益受损的地方政府和当地的居民、企业等利益受损者提供法律依据，来实现工程沿线区域社会经济的平衡发展。

(3) 弥补现行相关立法忽视南水北调工程生态补偿制度需求的需要。我国相关法律法规已经在很多方面规定了生态补偿制度的措施。从国家层面上看，新修订的《中华人民共和国水污染防治法》《中华人民共和国环境保护法》和《中华人民共和国水土保持法》都对生态补偿提出了要求，同时 2016 年发布的《国务院办公厅关于健全生态保护补偿机制的意见》也要求"不断完善转移支付制度，探索建立多元化生态保护补偿机制"。这些规范性法律文件的出台，一方面说明了生态补偿对维护生态环境的重要性，另一方面也表明了我国生态补偿相关政策的多元化趋势。另外，2014 年国务院公布的《南水北调工程供用水管理条例》(以下简称《条例》)为生态补偿立法提供了现实的实施基础。从实践层面上看，当前我国推进的"河长制""湖长制""生态保护红线""生态文明体制改革"和"生态文明试验区"等与环境保护和生态建设相关的重要政策，均提出要建立生态补偿机制，而且发布了生态环境损害赔偿的改革方案，这些都为南水北调工程沿线生态补偿立法条例的出台奠定了实践基础。

但是，我国现行相关立法对南水北调生态补偿的有关规定还存在一些不足，比如《条例》中"对南水北调工程水源地实行水环境生态保护补偿"的规定。可见《条例》仅规定对南水北调工程水源地进行补偿，并没有规定南水北调沿线各区域的生态补偿。在地方立法层面，以河南省为例，《河南省水污染防治条例》第十六条规定，"县级以上人民政府应当根据生

① 冯艳芬，刘毅华，王芳，等.国内生态补偿实践进展[J].生态经济，2009(8)：85-88.

态保护的目标、投入、成效和区域间经济社会发展水平等因素，通过财政转移支付、区域协作等方式，建立健全对饮用水水源保护区区域和江河、水库上游地区以及有关重要生态功能区的水环境生态保护补偿机制，逐步加大补偿力度。”《河南省水环境生态补偿暂行办法》也规定了河南省行政区域内长江、淮河、黄河和海河四大流域18个省辖市的地表水水环境生态补偿，但是南水北调中线河南段没有包含在其所规定的范围内。一些地方性立法，比如《新乡市水环境生态补偿办法》规定了其全市范围内地表水水环境生态补偿，但也将南水北调中线工程新乡段除外。

由此可见，现行相关法律法规忽视了南水北调工程生态补偿的制度需求，南水北调工程生态补偿制度亟待依法规范。

二、具体立法建议

（一）立法原则

《中华人民共和国环境保护法》第五条规定：“环境保护坚持保护优先、预防为主、综合治理、公众参与、损害担责的原则。”在坚持这些基本原则的基础上，南水北调工程生态补偿条例在立法当中应当以南水北调工程生态安全为基本价值目标来确立相应的原则。具体如下。

1. 优先保障生态系统安全原则

南水北调工程在生态补偿制度立法上应当优先考虑生态系统的安全保障问题。南水北调工程修建的初衷就是要解决人与自然、经济的发展问题。因此其现在形成的特殊人工流域不可避免地要考虑人类社会的经济发展、自然环境和生态环境之间的平衡。南水北调东、中线工程现已逐渐实现平衡我国地区经济发展的目标，现阶段需要充分考虑其人工生态系统安全的稳定性、持续性、生态安全能力等。南水北调工程是连接沿线地区社会与经济发展的人工生态系统河道，因此在生态补偿制度的立法原则上要优先保障生态系统安全，只有保障了生态系统安全，才能实现水源区、沿线地区、受水区社会和经济的可持续发展目标，促进社会经济系统与生态系统的协调同步。

南水北调工程优先保障生态系统安全原则要求生态补偿相关制度的建构必须关注南水北调工程生态保护本身。生态补偿的对象不仅包括相关利益群体，还要包括南水北调工程沿线生态系统本身。生态补偿的程序要类型化，针对不同的补偿对象进行不同的生态补偿程序。要落实生态补偿资金用于被补偿对象，最终实现保障生态系统安全的目标。

2. 谁受益谁补偿原则

南水北调工程生态补偿不仅平衡了由水资源分布不均造成的地区发展利益冲突，还实现了区域水资源的高效配置。而完善的生态补偿立法则可以有效协调南水北调沿线经济利益和生态利益之间的关系。“谁受益谁补偿”原则能够协调南水北调沿线利益关系，联结立法目的和立法效果，起到核心的补偿作用。将“谁受益谁补偿”原则作为生态补偿的法律准则，体现了公民在保护和修复生态环境的活动中所应该获得的利益。而南水北调工程所体现的生态利益流动则是伴随区域之间的水资源调配活动展开的，水资源作为一种同时具有经济价值和生态价值的自然资源，在跨区域的流动中将生态利益从水资源调出区向水资源输入区转移，因此水资源的输入区也理应对水资源调出区所转移的生态效益进行合理的补偿，以弥补调出区为维持本地区生态效益所投入的人力物力财力成本，这是最终实现南水北调生态利益外部性内部化的重要途径。南水北调工程涉及的地域范围广，经济政治差异大，牵涉的利益群体多，因此“谁受益谁补偿”原则要求将所涉及利益群体的责任和义务相统一，协调各方利益，共同致力于生态利益的平衡。其中国家作为南水北调生态补偿的重要主体，需要承担更多的生态补偿和保护的责任和义务，社会组织和公民同样是生态利益的享受者，也应该在法律规定的范围内自觉承担相应的生态责任和义务。

“谁受益谁补偿”原则不同于《环境保护法》中规定的“损害担责原则”。《环境保护法》第五条规定：“环境保护坚持保护优先、预防为主、综合治理、公众参与、损害担责的原则。”在实践中，人们逐步形成了“污染者治理，损害者赔偿，开发者养护，受益者补偿，污染者恢复”的原则共识，其中的受益者补偿主要有两重含义：一是利用环境资源盈利的单位和个人，应该承担生态补偿的责任。二是消费者如果消耗自然资源或对环境有污染作用，也必须承担生态补偿的责任。“谁受益谁补偿”原则和“污染者付费原则”的共同点都是致力于解决由南水北调工程的兴建、运行和后期维护导致的资源损耗、环境污染和生态破坏的问题，但在生态补偿立法中应当明确这两个原则的不同："谁受益谁补偿"原则在立法目的和价值定位上并不仅仅是传统的对调水区环境资源积极溢出效应的回应，也不是简单地将其与"污染者付费原则"对应，更多强调的是因资源调出而出现的对环境的负面效应上。其定位是在对南水北调工程建设和运行中做出牺牲利益群体的巨大肯定上，在公平理念上对这些群体做出主动回应。这不是被动地受到了损害或者出现了损害结果来找承担者，而是主动地对所有在工程建设和运行中做出奉献、牺牲利益群体的首肯。"谁受益谁补偿"原则是对调水区和受水区生态负责任的重要体现。调水区因水资源的输出和水生态的保护自身发展受到限制，受水区因为水资源的输入各项环境得到了改善，"谁受益谁补偿"是建立在偿付公平基础上的自然理念。

3. 科学合理原则

科学是一个广义的概念，其内容不仅包含新知识的研究活动情况，还包括活动结果的总结。实践是科学的前提和基础，科学是关于客观世界事物的本质及其运动规律的知识体系。科学合理原则在南水北调工程的规划、建设和施工过程中得到了充分的落实，在进行南水北调生态补偿的过程中，也要贯彻科学合理原则，充分发挥现代科学技术和管理模式，对收集到的数据和资源进行充分的分析和论证，整合多方信息，在充分论证的基础上得出结论，为南水北调跨流域生态补偿提供科学合理的依据。

南水北调工程涉及范围广，工程沿线地区经济、政治社会差异巨大，因此在制定相关补偿标准时，应该兼顾所涉及的各方利益，在科学客观的基础上确定相关标准，其中科学性是实现这一标准的前提和基础。科学补偿和合理补偿意味着补偿的方式并不局限于单一的财政转移支付等，而是应该认真考虑南水北调工程所涉及地域的生态补偿支付意愿，因地制宜。无论实施何种补偿方式，进行生态补偿的资金款项一定来源于受水区的水资源消耗者，这就需要对当地的经济发展状况以及"受益者"所能承担的承受能力进行充分的分析和了解，制定科学合理的生态补偿标准，最终实现南水北调生态补偿的预期效果。科学补偿和合理补偿是南水北调工程生态补偿的两个方面，合理补偿以科学补偿为基础，同时合理补偿又是科学补偿的延伸。科学合理补偿原则要求根据地方经济发展状况和补偿义务方所愿意采取的补偿支付意愿来制定切实有效的生态补偿数额计算标准，最终确定实施的补偿标准和补偿方式既要符合各地区的实际情况，又要便于实施。同时，科学合理补偿原则也要强调把握好“度”的问题，在生态补偿的权利主体和义务主体之间寻求平衡，既要实现权利主体和义务主体的利益动态平衡，也要考虑补偿主体与受偿主体之间的实际情况。

4. 环境民主原则

环境民主原则是落实《环境保护法》中“公众参与”的重要体现。在南水北调工程生态补偿立法中，环境民主原则要求建立多层次、多渠道的生态环境公众参与机制。南水北调工程是民生工程，其生态补偿立法最基本的目标之一就是要平衡利益群体之间的权利与义务，环境民主原则能够更加明确公众参与在生态补偿中的地位和作用，给公众参与以法律制度上的支持，改变公众参与缺失、错位、信息通道不畅等现实问题。

建立多层次的生态环境公众参与机制。公民个人与社区、企业、社会组织、大众传媒、研究机构与政府部门等[①]是建立多层次生态环境公众参与的重要主体。公民个人对生态环境信息的掌握通常有限，更多依靠直观的个人感受，面对南水北调工程出现的生态损害往往不能够明确地判定和清楚地描述出损害的类型与原因，在生态补偿上，往往不能够形成清晰的补偿逻辑，虽然可以描述出自己利益受损，但是却找不到正确的补偿主体，常将责任归于最基层领导组织。因此，需要建立面向公民个人与社区的公众参与渠道，让公众有表达自己权利的通道，让社区能够准确地传达出公众的声音。企业在南水北调工程建设中利益受损，有明确法律依据的补偿多为土地、房屋的征收与征用，其补偿标准不在生态补偿之列，但是有生态利益受损的企业，也是重要的受偿主体，在公众参与上也应当有利益表达的渠道。与此同时，企业还是环境第一手信息的重要掌握者，最初发现生态环境问题的往往是企业，但是企业因为担心利益受损对出现的环境问题秘而不宣，这是对南水北调生态系统安全的重大隐患。因

① 王积龙，闫思楠.企业污染的舆论监督为什么需要多层次的公众参与——基于美国 TRI 数据库实践的研究[J].中国地质大学学报(社会科学版)，2019(1)：109-119.

此，需要建立企业的公众参与渠道。社会组织、大众传媒在公众参与上往往显示出极大的风险偏好。他们对自己感兴趣的领域和事件投入关注，是社会舆情的重要推动力量。因此，需要建立多层次的公众参与机制，扩大民主的范围，这也是社会公正的重要体现。研究机构与政府部门在公众参与中更多扮演的是决策者的角色。研究机构针对当前的现实问题提出建议（包括决策建议），政府部门根据其报告与建议做出最终的决定。建立多层次的生态环境公众参与机制就是要打破原始自下而上的被动式参与，让每个社会主体都能发声，这是社会民主的最基本需要，也符合社会正义的基本需要。

环境民主原则是近代新兴的民主形式，在美国学者诺德·考夫曼的著作中首次提出。[①] 参与式民主要求行政主体在做出决策时与社会中的利益相关者进行必要的协商，利益相关者在决策做出后对行政主体的实施过程进行监督，以保证自身的权利和利益。环境民主原则有利于充分动员全社会的力量，充分发挥公众的积极性和创造性，使得立法和决策更加容易得到民众的支持和接受。如果社会利益相关群体无法参与到相关政策的执行和决策中来，那么这些政策往往会在推行过程中面临巨大阻力。市场经济的蓬勃发展使得社会分化出多元的利益群体，南水北调工程生态补偿立法需要利益相关者的参与，而南水北调工程地域范围广，因此涉及众多的利益群体，具有广泛性和社会性的特点，在制定相关政策时，环境民主原则是极其重要的原则之一。环境民主原则的实质是各方利益相关者通过利益的协商达成共识，在南水北调生态补偿过程中，政府通过提供相应信息、表达意见、居间调停、提供利益诉求表达途径等方式，允许南水北调生态补偿所涉及的各方利益主体参与到相关的立法和执法工作中，从而使得南水北调工程的生态补偿和执法更加具有合法性、公正性、合理性和可接受性。

（二）立法建议

鉴于当前已有的立法基础，建议国家尽快制定《南水北调工程生态补

① 董石桃.公民参与和民主理论——自由民主与参与式民主的比较及其启示[J].新疆社科论坛，2010(3)：30-36.

偿条例》。由水利部牵头，站在全社会、全流域的高度进行统一规划、综合协调，实施水资源开发、利用和保护，实现包括经济、社会、生态效益相统一的整体效率①，进行《南水北调工程生态补偿条例》的立法准备工作。

《南水北调工程生态补偿条例》重点应当包括以下内容：

(1) 立法目的。直接立法目的：实现并维护南水北调工程顺利运行，保障生态安全。间接立法目的：平衡南水北调工程生态补偿利益关系。

(2) 立法原则。优先保障生态系统安全原则、谁受益谁补偿原则、科学合理原则、环境民主原则。

(3) 生态补偿主体。厘清中央与地方政府之间，受水区与输水区之间，政府、企业、公众之间的补偿关系。

(4) 生态补偿范围。不仅包括对水源区的补偿，也应当包括对沿线区域进行生态补偿。

(5) 生态补偿标准。明确生态补偿方式，确定补偿程序与补偿效益评估，规定法律责任的承担等。

南水北调工程生态补偿的立法还应当注意与其他相关法律的衔接与协调。如与我国民法典中的规定相衔接。

第二节　南水北调中线工程沿线生态补偿程序

明确南水北调中线工程生态补偿程序是生态补偿的必然要求，是生态补偿制度实施的保障。建立生态补偿法律程序是实现长期、稳定的生态补偿制度资金分配、运行、效果评估的重要目标。

一、补偿程序的类型化界分

南水北调中线工程沿线生态补偿最重要的是补偿资金从哪里来。从来源来看，主要为中央政府财政转移支付、地方政府财政配套资金支持、地方

① 才惠莲.我国跨流域调水生态补偿法律体系的完善[J].安全与环境工程，2019，26(03)：16-21.

政府之间横向资金补偿、市场交易资金补偿等。由此可以厘出政府(中央与地方政府、地方政府之间)补偿程序、市场补偿程序与公众参与程序。

在对补偿程序的类型化界分之前需要特别明确在工程建设和运行中承担主要角色的管理局的定位。以南水北调中线工程为例,2004 年经国务院南水北调工程建设委员会办公室批准,南水北调中线干线工程建设管理局(以下简称中线管理局)成立,其是国有大型企业,在法律地位上是独立的法人主体,职能上代表国家来管理工程的建设与运行。在前期建设中,中线管理局只对被征用的耕地、房屋等作征地补偿,但是在后期运行和维护过程中,配套设施建设、人工维护等资金都是地方政府通过财政来支付的。因此,南水北调工程生态补偿程序的设计应当根据当前的实际,以中央政府和地方政府为中心来开展生态补偿。同时,也要考虑到中线管理局除了主要负责工程安全,维护工程生态系统安全也是其主要职责,中线管理局应当与地方政府协调开展生态补偿工作。首先,要做好前期调研和总结,向中央政府汇报资金缺口,申请专项补偿资金,保证补偿资金来源稳定。其次,要与地方政府协调、协商补偿方案,充分落实好资金的使用与分配。最后,要及时向水利部汇报补偿项目实施进展,并接受监督与审计。

市场作为南水北调中线工程沿线生态补偿的重要参与主体,在水权交易中可以通过价格机制来实现资源配置,企业等市场主体还可以作为第三方机构参与到补偿程序中,实现补偿程序的公开化、透明化。虽然国家一直以来都反复强调市场化机制的建设,比如 2016 年国务院办公厅印发的《关于健全生态保护补偿机制的意见》提出,按照权责统一、合理补偿、政府主导、社会参与的原则,着力落实森林、草原、湿地、荒漠、海洋、水流、耕地等重点领域生态保护补偿任务。但是,时至今日依然存在各种各样的原因导致我国生态补偿市场发育迟缓。我们仍在积极探索一些在生态补偿中起着根本性作用的市场要素,如交易平台、价值规律、竞争机制等,虽然也取得了一定的成效,但离形成全国统一、规范的市场体系还有相当长的距离。① 基于此,我们应当逐步尝试市场参与南水北调中线工程沿线生态补偿模式,不应

① 邹学荣,江金英.建立市场化生态补偿机制的现实路径探析[J].乐山师范学院学报,2018,33(04):69-74.

过早寄期望于市场能够补足政府供给的所有短板。水权交易依赖于物权制度的设立与完善，国家作为水资源的所有者，允许对取水权通过协议的方式或其他方式进行交易。水权交易在其他研究中通常作为生态补偿制度市场机制的重要组成部分，事实上水权交易的资金直接用于南水北调中线工程沿线生态补偿是非常困难的。因此，市场参与生态补偿目前的重点还应该在于如何以第三方机构的身份参与到生态补偿制度的管理与实现当中。

公众参与程序应当体现民主与正义。公众参与是最好的实现民众与政府之间信息畅通的方式，也是政府取得民众信任的最基本方式。公众参与可以实现以最小的参与成本获得最大的制度实施效果，也是我国政治民主的体现。公众参与应当包括最基本的知情权、参与权、监督权，尽管决策权在政府机关，但是也应当充分听取民众的意见，接受民众的质询。南水北调中线工程沿线生态补偿制度也需要公众参与。在设计制度时要考虑到公众参与的途径与方式，发出的意见和建议能否被认真听取，如果权利受到侵害如何实现救济。

综上所述，从当前实际情况出发，为使南水北调中线工程沿线生态补偿程序顺利运行，应当牢牢抓住资金来源这一主线，确保政府补偿资金落地，严格补偿程序设计，防止出现贪污、侵占等现象，促进南水北调中线工程稳定运行。

二、具体补偿程序

南水北调生态补偿程序以贯彻生态正义为目标，协调工程沿线受损主体的利益，不以协调区域发展和扶贫为根本导向，坚持“谁受益谁补偿”的基本原则，转变政府单一补偿模式，发挥市场、社会的作用。

（一）政府补偿程序

南水北调生态补偿资金来源主要为政府财政转移支付，决定了政府补偿程序应当依照行政权力的执行程序来进行。根据补偿的范围划定，分别对工程建设产生的环境利益受损者、因保护和改善工程沿线生态环境而自身利益受损者和工程沿线地方政府进行补偿。

1. 发布补偿通知或公告

中央政府决定对南水北调水源区和沿线区域进行生态补偿后，应将有关生态补偿的原因、范围、标准、程序等采用通知或公告方式向地方政府及公众发布。在公告内容上，应尽可能地详尽且明确具体。例如，对南水北调中线工程沿线受损者进行生态补偿时，应当向沿线各级人民政府、公众在报纸、电视台、互联网平台等宣传媒体上进行公告，详细列明当前补偿的范围、对象、程序、标准等，让利益受损者能够获悉补偿事宜。

2. 利益受损者申报受偿权利

在接到中央政府对南水北调生态补偿的公告后，利益受损者应当主动申报自己的受偿权利。中央政府不需要主动调查南水北调工程受损利益损失，而是受偿主体直接对自己损失的利益进行申报。受偿主体对自己在工程建设、运行和维护中的利益受损情况最为了解，同时更能迫切地提出自己的受偿需求，利益受损者主动申报自己的受偿权利一来可以节约行政成本，二来可以直接表明补偿需求。

利益受损者在知悉公告内容后，应当向当地政府申报自己的利益损失，由当地政府统一核算需补偿损失、提出补偿要求并报中央政府。工程沿线地方政府既要做好本行政区域内利益受损者的统计和损失申报工作，又要对本级政府在南水北调工程中的利益损失进行核算与申报。因现有的利益补偿手段多样，本级政府应当在上报的情况中列明已经得到的中央财政转移支付资金数额和列支去向，标明每一年度存在的资金缺口；还应当对首次申报的利益受损者作区分，对在工程建设中已经补偿完毕的利益受损者、部分未偿的利益受损者、未得到补偿的利益受损者就其已得补偿类型进行备注，避免在生态补偿中出现反复就同一受损事实进行补偿获利的情况；还需要在申报材料中明确期望得到补偿的方式。

3. 公开听取和回应利益受损者的意见和建议

公开听取利益受损者的意见和建议一是为了保障南水北调生态补偿环境正义目的的实现，二是为了最大限度地保护公众的参与权利和诉求表达。此项程序应当在地方政府向中央政府上报利益损失之前进行。公开是实现程序正义的良方，地方政府应当充分保障利益受损者表达意见和建议的权利，这有利于了解公众的利益诉求，有利于为下一步确定补偿方式做好调研，更有利于充分掌握待补利益的真实和直接方式。

公开回应利益受损者提出的意见和建议。地方政府在向中央政府申报补偿要求之前，应当就利益受损者提出的利益诉求做公开回应，并给予其补充权利申请期限。这样能够增加公众对政府的信任，提高公众的参与感和被尊重感，能够在补偿工作中起到正面积极的效果。公开回应的内容应当包括：本行政区域内待补偿的个人和单位数量，所需资金数额，期待补偿方式等。给予利益受损者补充申请的时间应不少于5个工作日。

4. 审查核实确定补偿范围

地方政府在收到南水北调工程利益受损者的权利申请后，应当对其申报的损失予以审查和核实，可采用实地勘测、调查或者委托第三方机构进行核查等方式进行。审查核实的内容应包括：申请人的资格、受损事实、利益损害关系、损失数额和期待补偿方式等。

中央政府在收到地方政府上报的利益损失后，应当对南水北调工程建设取得的实际用水效益与工程建设、运行、维护和生态补偿所带来的实效进行评估，对地方政府上报的待补利益损失材料做审查核实，防止多报、重复补偿等现象的发生。在此基础之上，确定南水北调工程生态补偿的具体补偿范围。

5. 公开确定后的补偿范围、方式等内容

中央政府在审查核实地方政府上报的待补利益损失后，应当尽快决定具体的补偿范围和方式。采用资金补偿的，应当向社会公开补偿资金数额、支付方式、补偿年限、补偿省份、专项基金计划等内容。采用政策补偿的，应当向社会公众公开政策信息，方便社会查询，并接受政策咨询。此项程序主要为了实现信息公开，保障权利人的知情权和参与权。

地方政府在接到中央政府确定后的补偿范围、方式等通知后，应当及时向本区域内利益受损者公告此内容，并做好解释和答疑准备工作。在公告方式上可选择利用本地有影响力的报纸、地方电视台、政府网站、公众号等媒介。

6. 执行补偿决定

政府是执行补偿决定的主体。地方政府在生态补偿过程中担任双重角色，既是利益受损者又是执行生态补偿的主体，因此在执行补偿决定时需要做到过程公开、透明。这样不仅有利于增强政府的公信力，而且能直接避免在补偿执行过程中出现矛盾。就同一受损事实做统一标准的补偿，避免出现补偿不公等情况。同时，在执行过程中还应当注意执行人员的回避，避免出现亲友邻里请托徇情，防患于未然。

7. 监督与救济

政府作为南水北调工程生态补偿的补偿主体，是实现国家对生态环境进行利益转化的主要力量。因此，在补偿过程中必须要有监管力量负责监督，同时还要开通对利益受损者权利的救济渠道。政府生态补偿工作体现了行政权力的行使，如发生权利损害，公众可选择行政复议或者行政诉讼的方式来维护自己的权利，同时还可行使公众监督权、检举权等。

（二）市场参与程序

市场、社会参与南水北调工程生态补偿主要体现在运用经济规律来调解水价，社会资本参与生态补偿专项计划，以及社会公众参与生态补偿程序、监督生态补偿实施过程等。

1. 招标

南水北调工程水源区与沿线政府部门发布招标公告，对工程运行中需要的环境质量检测、污染源监督检测等方面向社会公开进行招标，邀请专业的公司来竞标。政府在招标文件中应当写明：①招标项目内容、资金来源，投标人资格要求，投标、开标有关说明，投标保证金，采购项目需落实的政府采购政策，投标有关规定、联系方式等；②说明项目服务要求，制作招标项目一览表，表明服务要求（服务时间、地点、验收方式等）、报价要求、质量保证及售后服务、付款方式、知识产权等；③规定资格审查及评标办法、评标标准、无效投标条款、废标条款等；④写明投标人须知，包括投标人、招标文件、投标文件、开标、评标、定标、中标通知书、询问质疑和投诉、采购代理服务费、签订合同、政府采购信用融资等内容。

2. 竞标

企业根据政府发布的招标文件制作标书准备竞标。

3. 定标公开

政府邀请专家评标，组成评标委员会，成员人数为 5 人以上单数。政府可根据评标委员会提出的书面评标报告和推荐的中标候选人确定中标人，也可以授权评标委员会直接确定中标人。政府在确定中标人后应当向社会公示并给予公示期限，以保障双方利益。

4. 监督与退出

中标公司定期将水质监测数据向社会公开，采用互联网等便于公众查询的方式公开，同时接受政府、其他企业、社会公众的监督。对数据造假或检测标准不达标等行为，政府有权要求企业限期改正或解除服务合同。我国《环境保护法》第五十四条规定："县级以上地方人民政府环境保护主管部门和其他负有环境保护监督管理职责的部门，应当将企业事业单位和其他生产经营者的环境违法信息记入社会诚信档案，及时向社会公布违法者名单。"

（三）公众参与程序

《环境保护法》第五十三条规定"公民、法人和其他组织依法享有获取环境信息、参与和监督环境保护的权利。各级人民政府环境保护主管部门和其他负有环境保护监督管理职责的部门，应当依法公开环境信息、完善公众参与程序，为公民、法人和其他组织参与和监督环境保护提供便利。"这是首次将公众参与作为基本原则予以表述，并且对公众参与内容进行了具体规定；之前颁布的《环境信息公开办法（试行）》和《企业事业单位环境信息公开办法》也从信息公开的角度推进了我国公众参与环境治理的发展进程；2015 年 9 月实施的《环境保护公众参与办法》更是全面具体地对公众参与环境治理的途径、程序、保障进行了规定，并且明确了政府在其中的协助和指导责任。这些规定均表明我国环境法治建设开始从注重保障公众环境的实体权益向兼顾保障公众的环境程序权益方向发展。①

1. 环境信息公开

环境信息公开，又称环境信息披露，指将与环境保护有关的各种显性和隐性的信息加以收集整理，并在一定范围内以适当形式公开，用以提供各种激励机制，从而改善环境质量。环境信息公开使环境管理部门、公众和各类企业都了解和共享环境信息，从而对环境破坏行为产生压力，促使

① 秦天宝，段帷帷．我国环境治理体系的新发展——从单维治理到多元共治[J]．中国生态文明，2015(4)：72-75.

破坏者控制污染，保护环境，使经济与社会朝可持续的方向发展。环境信息公开对公众参与环境保护事务有着重要意义，是实现公众参与的必然途径。一般情形下，公众作为相对弱势的一方，即在环境信息的掌握和处理方面相比于政府及各类企业还存在较大差距。但是，实现和贯彻公众参与原则的一个重要前提便是公众掌握和了解环境信息，唯此才能自由和充分地参与到特定的环境保护实务当中，相关主体的环境信息公开的范围在一定程度上决定了公众参与原则的实施效果。南水北调工程沿线生态补偿工作不仅涉及了包括行政主体与社会主体在内的广泛利益群体，而且各利益群体之间利益诉求的不同则容易产生矛盾甚至冲突，而环境信息公开则为各利益主体的互动协作提供了有效可行的制度保障。一般而言，有效性的公开至少符合以下标准：信息全面、资料真实、具有实效性、空间上具有易得性、内容上易于理解、形式上适法。[①] 结合环境信息公开理论基础与南水北调工程生态补偿的实践，环境信息公开制度可从环境信息公开的主体、方式和内容等方面展开具体构建。

2. 公众参与生态补偿政策制定

公众参与工程沿线生态补偿政策的制定。当前，政府的环境保护有关政策往往是结合国家和当地国民经济与社会发展的规划及其他具体规划所制定的，具有明显的“孤立性”“隐蔽性”特征，而在这个过程中，公众难以有效参与保护地相关政策的制定，这不仅使得公众环境利益诉求难以有效表达，而且也容易造成公众对相关环境政策的误解甚至抵触。同时，在制定环境保护相关法律、法规及其他规范性法律文件的过程中，公众可以针对相关的法律文件草案提出自己的意见，并通过一定的渠道反映给相关立法机构，从而通过影响相关立法机构的活动来参与相关法律、法规及其他规范性法律文件的制定。根据《中华人民共和国立法法》（以下简称《立法法》）第五条“法应当体现人民的意志，发扬社会主义民主，保障人民通过多种途径参与立法活动”的规定，南水北调工程沿线生态补偿制度体系的构建不仅应当贯彻《立法法》对公众参与环境立法工作的要求，而且也应当对公众参与立法的途径、方式等问题做出具体规定。我国

① 梁云生.上市公司信息披露制度的理论基础[D].重庆：西南政法大学，2005.

在环境治理领域提出建设现代化环境治理体系的目标，以及“十三五”规划明确的“构建政府、企业、公众共治的环境治理要求”，表明公众参与开始成为我国环境法治建设的重要内容。在此阶段，虽然政府依然承担着主要的环境保护责任，但是企业、公众等社会主体在法律文件的授权下也获得了参与环境治理的权利。《环境保护法》《环境影响评价法》《环境保护公众参与办法》等法律、法规以及其他规范性法律文件不仅明确了公众参与环境治理的权利，并且也对公众参与环境治理的具体范围进行了规定。比如，除了原有的规定单位和个人在环境保护方面做出突出贡献的，采取由人民政府加以表彰的方式，也规定了新的参与方式，如：在环境影响评价过程中，通过参加相关的听证会、论证会以及提出书面意见等方式提出自己关于环境保护的意见和建议。

3. 公众参与水源地及干渠两侧保护区的日常管理

参与水源地及干渠两侧保护区的日常管理。保护区的管理机构一般具有较强的行政主体性，并且根据上级行政命令展开具体工作。长期生产、生活于保护区附近并具有密切利益相关性的当地居民却很难直接参与到相应的管理活动中。公众参与环境管理活动面临的机会缺失、信息公开不足、参与程序不明确等问题直接导致当前我国公众参与的困境。因此，参与水源地及干渠两侧保护区的日常管理不仅是环境法治的必然要求，而且也是维护保护区附近公众环境利益，提升其参与环境治理积极性的重要路径。

4. 监督与举报

对破坏环境行为、影响生态补偿机制运行的监督、举报。《环境保护法》第五十七条规定：“公民、法人和其他组织发现任何单位和个人有污染环境和破坏生态行为的，有权向环境保护主管部门或者其他负有环境保护监督管理职责的部门举报。公民、法人和其他组织发现地方各级人民政府、县级以上人民政府环境保护主管部门和其他负有环境保护监督管理职责的部门不依法履行职责的，有权向其上级机关或者监察机关举报。接受举报的机关应当对举报人的相关信息予以保密，保护举报人的合法权益。”在生态补偿程序建设上，对于履行行政职责的政府、参与南水北调工程运行与维护的企业，公众依法享有监督和举报的权利。

5. 生态补偿公众参与的权利救济机制

在公众参与相关的环境决策过程中，相关法律文件规定了公众参与的救济内容。《环境保护法》第六十四条规定："因污染环境和破坏生态造成损害的，应当依照《中华人民共和国侵权责任法》的有关规定承担侵权责任(现依据《民法典》)。"而公众在向侵权行为寻求赔偿时，法律也提供了包括当事人自行和解，调解，诉讼，仲裁等多种法律途径。比如，《环境信息公开办法(试行)》第二十六条规定："公民、法人和其他组织认为环保部门不依法履行政府环境信息公开义务的，可以向上级环保部门举报。收到举报的环保部门应当督促下级环保部门依法履行政府环境信息公开义务。公民、法人和其他组织认为环保部门在政府环境信息公开工作中的具体行政行为侵犯其合法权益的，可以依法申请行政复议或者提起行政诉讼。"《中华人民共和国行政诉讼法》第二条规定："公民、法人或者其他组织认为行政机关和行政机关工作人员的具体行政行为侵犯其合法权益，有权依照本法向人民法院提起诉讼。"在南水北调工程沿线生态补偿实践中，根据《宪法》《环境保护法》等法律文件的规定，国家不仅是自然资源所有者具有调控自然资源的权利，而且也承担着补偿在此过程中各利益相关者损失的责任。因此，生态补偿公众参与的权利救济机制应当注重保障各利益相关主体尤其是企业、公众等社会主体与国家之间的互动沟通、利益诉求等方面。

虽然《环境保护公众参与办法》(以下简称《办法》)作为环境基本法的实施细则对我国公众参与环境保护工作提供了有效的法律保障，但是该《办法》对于南水北调工程沿线生态补偿工作仍然缺乏直接有效的指导性和依据性。根据法律规定，相应的法律救济手段一般仅是期待公众通过举报、申请行政复议、提起诉讼等手段来维护自己参与环境决策的相关权利，而这些途径在实践中往往难以保障公众有效地参与环境决策。随着《环境保护法》《民事诉讼法》等法律文件对环境公益诉讼制度的明确，今后环境司法也将成为公众参与环境保护的重要保障。因此，未来南水北调工程生态补偿制度体系对于公众参与的权利救济制度的构建，不仅应当结合包括环境基本法及实施细则等法律文件对公众参与原则的规定，而且应当注重对公众参与环境保护权利救济的实效性与可行性，即通过构建环境信息公开、环境保护参与程序、环境司法救济机制等机制在内的制度体系，实现对公众参与南水北调工程生态补偿工作事前、事中和事后的权利保障。

此外，政府对南水北调工程生态补偿项目可采用生态补偿 PPP 模式，充分利用社会资本在资金、技术、管理等方面的优势，还可邀请社会资本来参与生态补偿项目的实施和运行。①

第三节　南水北调工程生态补偿责任、监督及救济机制

生态补偿责任及救济机制是保障生态补偿制度落实的关键所在。当前南水北调工程生态补偿的相关制度不健全，尤其需要加强对相关责任的落实与监督。南水北调中线工程生态补偿机制应当结合《环境保护法》所规定的跨行政区域监督管理机制，形成多部门和社会公众协同监督的机制。就法律责任而言，行政责任、民事责任和刑事责任在生态补偿过程中均需要建立相应的责任机制以及相关主体权益受损的救济机制。

一、生态补偿法律责任

法律责任类型是实现程序正义的必然要求。前文已对补偿程序做了具体规定，在此需要对法律责任的承担类型进行划分，这主要源于行政机关在行政权力行使过程中占有优势地位，尽管在补偿过程中行政机关与权利人达成了协议，但是在权利的救济途径和方式上，权利人是相对弱势的。尤其是我国现阶段还没有颁布全国性的生态补偿法律规范，而是多以政策指导、行政协议的形式来达成补偿，这更加需要对行政行为行使的法律责任予以规范和监督。

1. 行政责任

现阶段我国实施的生态补偿法律制度，主要是以政府为主导，政府在生态补偿中扮演着重要的角色，是生态补偿的重要主体，生态补偿措施通

① 潘华，刘江娥.我国湿地生态补偿引入 PPP 模式探讨[J].科技与经济，2019(6)：6-10.

过各级人民政府或自然资源的管理部门进行落实，意味着在南水北调生态补偿中政府以及相关的自然资源管理部门的责任巨大。生态补偿制度的实施具有行政行为的性质。因此有必要制定适当的行政法程序来保障南水北调生态补偿中政府的责任得到充分的发挥，公权力得到合理地使用。

南水北调工程沿线生态补偿行政责任首先要依据行政法律关系主体——行政主体和行政相对人来确定。行政主体为提供生态补偿者，具体指国家和地方人民政府。行政相对人为接受补偿者，具体指地方人民政府、一定区域内的企业或公民个人。在实施生态补偿时，地方人民政府既接受中央政府的财政拨款，又向地方企业、公民个人提供生态补偿。参与实施的行政法律关系主体包括环境资源行政主管部门及其工作人员。生态补偿行政责任一般表现为行政主管机关的生态补偿行政责任。如《河南省水环境生态补偿暂行办法》(以下简称《办法》)规定了省环境保护行政主管部门、省水行政主管部门、省财政部门、各省辖市政府的各项生态补偿工作与责任，这些部门即为此《办法》中规定的行政责任主体。地方人民政府、一定区域内的企业或公民个人作为接受补偿者，这些主体只有在具体的生态补偿行政法律关系中才是生态补偿行政相对人。地方人民政府接受中央政府或上一级政府通过财政转移支付的补偿资金，来实施生态补偿行为，以维护该地生态环境。一定区域内的公民，为了维护环境资源的生态服务功能，投入了物力、人力、财力甚至丧失了经济发展的机会，应当得到相应的补偿。当政府对该区域内的公民进行生态补偿时，政府是生态补偿的行政主体(提供者)，公民为生态补偿的行政相对人(接受者)，双方主体之间的法律关系为生态补偿的行政法律关系。生态补偿行政法律关系的客体是主体的生态保护补偿行为。具体表现为：各级人民政府或环境资源行政主管部门制定生态补偿标准、方式等具体实施生态补偿的行政行为；各级人民政府划拨生态补偿资金的行为；各级人民政府使用生态补偿资金维护环境资源的行为等。生态补偿行政法律关系的内容是指生态补偿行政主体和相对人享有的生态补偿权利和应履行的生态补偿义务。该法律关系的内容具体包括对生态补偿行为实施情况的监督检查权、当接受补偿者的补偿行为不符合相关生态补偿措施的规定时，国家和地方政府有权减少或停止提供补偿资金的权利，申请使用生态补偿资金的权利，公布生态补偿方案的义务，合法合理使用生态补偿资金的义务和接受公众监督的义务等。

行政责任的承担意味着政府在行使公权力的过程中要受到人民群众的监督，尤其是对资金的管理和使用要符合程序正义，及时公开并接受人民群众的质询。地方人民政府应当在年度财务公报中公开资金的管理和使用，并接受中央审计部门的审计。从这一层面上说，在生态补偿行政法律关系中，地方政府具有双面性，即对内要对上一级政府机关负责，对外又要对人民群众负责。因此，在行政责任的承担上，要厘清政府角色是对内承担行政处分责任还是对外承担行政处罚的违法责任。除此之外，还要注意行政法律关系中行政协议的签订，根据当前司法改革已经纳入行政诉讼案件的受案范围，如果出现行政机关一方违约，违约方则也应当承担相应的行政法律责任。

2. 民事责任

南水北调中线工程沿线生态补偿的法律关系是生态补偿主体在补偿过程中，依据生态补偿的法律规范产生的生态补偿权利和义务关系。生态补偿民事法律关系主体具体包括干渠沿线的地方人民政府、相关企业以及公民个人。由地方政府与公民、企业等签订的行政协议已纳入行政法律受案范围，因此，南水北调中线工程沿线生态补偿民事责任的承担主要在于平衡主体之间的财产关系。例如：侵权法律关系、民事合同法律关系等。在市场主体充分参与生态补偿活动中，未来所形成的民事法律关系会越来越多，类型也会更加丰富。就现在已经实行的 PPP 模式等，笔者认为其应当纳入民事法律责任的范畴。原因在于在生态补偿活动中，PPP 模式事实上是基于社会资本与政府机构建立的相互信任和自愿之上的。如果将其作为行政协议的范围来考虑，这对社会资本方的损害是巨大的，尤其是在权利救济方面，行政补偿的标准较之民事赔偿的标准较低。这也会伤害 PPP 模式建立的基础，损害资本市场对与政府合作的信心。因此，将此认定为民事法律关系是最为合理的。

同时，实现南水北调生态补偿市场化运行需要民法中的物权制度的参与，通过物权制度，改变南水北调生态补偿中存在的所有权虚化、产权制度模糊的情况。从《民法典》的相关规定可以看出，自然资源的所有权归国家所有，资源的使用权与所有权可以为不同的主体，水资源的所有权人不得影响水资源的用益物权人的行使权。在特定区域，政府之间通过签订生态补偿合同的方式对该区域内的某种类自然资源实施补偿。生态补偿民事法律关系的客体是生态补偿民事法律关系主体的生态保护补偿行为主要包括有：开发利用自然资源的企业之间或企业与公民之间签订、履行生态补偿合同的行为；公民（一定区域内）使用生态补偿费的行为等。生态补偿民事法律关系的内容是指生态补偿民事主体享有的生态补偿权利和应当履行的生态补偿义务。特定区域政府、相关企业、公民个人以及环境保护公益组织，其各自享有的生态补偿权利和应履行的补偿义务主要包括签订生态补偿合同的权利，约定补偿资金数额的权利，约定支付违约金的权利，约定补偿的标准、方式等内容的权利，按照补偿合同约定实施补偿行为的义务等。

其中一方违反生态补偿合同规定的权利义务内容时，合同的另一方就有权利要求对方承担生态补偿的违约责任。根据我国民事法律的相关规定，民事法律责任是指公民或法人因侵权、违约或者因法律规定的其他事由而依法承担的不利法律后果。在特定的条件下，国家也是民事责任的主体。民事法律责任是由违法或违约行为而产生的法律责任；民事责任的内容也可由当事人约定。生态补偿的民事法律责任是指生态补偿主体在生态补偿的活动中，因违反生态补偿合同的约定所应承担的民事责任。可见，承担民事法律责任的原因是发生了生态补偿违约行为。常见的生态补偿民事法律责任的承担，主要出现在地方人民政府之间、企业与自然人之间、企业与企业之间订立的生态补偿合同违约情形上。例如，处于上下游水域之间的政府部门签订补偿协议，约定下游政府向上游政府支付生态补偿金，要求是流经下游政府管辖区域的水质达到Ⅱ类标准，分 20 年支付。但经检测如果流经下游政府管辖区域水质均未达标，则下游政府有权依照生态补偿协议，提起民事诉讼。需要特别注意的是，不履行生态补偿合约的一方承担的损失，包括合同中双方规定的赔偿损失及预期可得的生态功能利益。双方约定的损失赔偿是客观一致而且确定无异议的，对于预期可得利益，就要符合法律的规定和自然规律①。生态补偿权利义务的平等主体之间约定生态补偿合同时，约定的补偿方式、补偿标准等核心条款，不能低于生态补偿法律法规规定的最低标准。鼓励合同双方约定高于法定的生态补偿标准，这样更有利于对环境资源的保护，凸显生态补偿制度对环境资源的保护功能。《民法典》中关于取水权的物权化制度规定，为制定南水北调的生态补偿民事法律提供了依据。改变过去单纯依靠以国家为主体的生态补偿制度，需要进行生态补偿市场化的运作模式，对取水权的物权化制度进行安排，因此，我国的民事相关立法应该对生态补偿的民事法律关系进行一定的体现和保护。

3. 刑事责任

目前我国《刑法》只规定了与环境犯罪有关的内容，对生态补偿有关的刑事责任没有明确规定，在刑法的各项解释中也缺乏相应的内容。目前《刑法》中所规定的刑事责任主要针对的是消极破坏环境的行为，但是对有碍于环境保护目标实现的行为缺乏必要的制裁措施。根据我国其他地区跨流域调水的实践经验，我国关于生态补偿刑事责任承担的规定应该从以下几个层面进行完善。

第一，要完善生态补偿刑事的立法目的。当前《刑法》针对环境犯罪的规定集中在保护人身和财产方面，对生态补偿的保护缺乏相关的规定，生态利益的损失缺乏相应的保护。第二，要对生态补偿的专项资金使用进行保护。我国《刑法》第二百七十三条规定："挪用用于救灾、抢险、防汛、优抚、扶贫、移民、救济款物，情节严重，致使国家和人民群众利益遭受重大损害的，对直接责任人员，处三年以下有期徒刑或者拘役；情节特别严重的，处三年以上七年以下有期徒刑。"非法挪用生态补偿资金，侵犯的客体是国家的专款专用制度，为了实现生态补偿资金的高效使用，建议将生态补偿的资金纳入刑法第二百七十三条所保护的法益中，从而保障生态补偿最终目标的实现。

由于南水北调中线工程生态补偿涉及多元化的利益主体和复杂的补

① 阮本清，许凤冉，张春玲.流域生态补偿研究进展与实践[J].水利学报，2008(10)：1220-1225.

偿机制，工程沿线生态补偿制度不仅在具体生态补偿实践中调整不同主体利益诉求，而且也承担着对合法权利进行保障和救济的责任。今后在明晰生态补偿利益关系前提下，可从行政救济、司法救济、社会救济三个方面对工程沿线生态补偿的权利救济机制展开构建。在行政救济方面，相关政府及职能部门应当充分发挥其在生态补偿过程中的主导职能，为相关利益主体建立相关的利益表达，充分听取利益主体的诉求，实现政府与公众的互动沟通；在司法救济方面，各级人民法院应当充分发挥其保障合法权益“最后防线”的功能，对于侵害相关主体合法利益的行为、政府出现的违法行使职权以及不作为的行为予以及时有效的惩治，并且对利益受损主体进行及时救济；在社会救济方面，应当充分发挥社会公益性组织以及相关社会主体在生态补偿过程中的积极功能，包括调解沟通、法律援助、经济救济等方面，实现生态补偿权利救济机制的多元化。有权利就应当有救济，明晰南水北调中线工程沿线生态补偿权利救济机制及其法律责任是实现南水北调生态补偿制度价值的必然要求。

二、监督及救济机制

（一）监督机制的构建

在监管方面，建议设立专门的南水北调中线工程生态补偿监管机构，领导并协调各政府部门生态补偿工作；在社会参与方面，随着我国在环境治理领域建设现代化环境治理体系目标的提出以及“十三五”规划明确的“构建政府、企业、公众共治的环境治理要求”，可以从环境信息公开、建立多元化公众参与渠道、保障公众参与权利等方面发挥社会主体在生态补偿领域的监管作用。由于南水北调中线工程生态补偿工作涉及了跨行政区域的政府职能，现有的以行政区域划分为标准的环境监管机制难以对整个工程沿线的生态补偿工作进行有效监管。因此，南水北调中线工程监管机制应当结合《环境保护法》所规定的跨行政区域监督管理机制，形成多部门的协作机制。与此同时，在构建现代化环境治理体系的进程中，南水北调中线工程生态补偿的监管机制除了应当发挥政府的主导性职能，还应当吸纳包括相关企业、第三方机构、社会组织、公众尤其是相关利益主体的加入，共同参与南水北调中线工程的生态补偿工作，实现行政职能与环境利益的有机融合，从而发挥南水北调中线工程监管机制的应有功能。

(二) 权利救济机制

1. 对输水区沿线地方政府的权利救济

输水区沿线地方政府在南水北调中线工程建设的运行和维护中花费了大量的人力、物力，并且在税收上受到了极大的影响，因此也是南水北调生态补偿的受偿主体。在实践中，北京市、天津市与河南省对口输水区地方政府建立了南水北调中线工程水源区横向补偿关系，在水质保护方面开展了积极的技术合作和经济支援，同时采取对口帮扶、人才支持等方式，探索建立多元化长效生态补偿机制。同时需注意总干渠和水源地水质保护的同步推进，改变重库区、轻干渠的现状，把点源、线源和面源治理工作结合起来，把国务院条例中只对水源区进行生态补偿的政策也延伸到工程沿线水源保护区范围，从机制上保障南水北调中线工程的运行安全。

输水区沿线地方政府当前面临的三重困境：一是补偿资金来源不足，补偿标准不明确，但补偿需求迫切。二是所能支配资金的用途指明针对水源区进行生态补偿，沿线地区没有补偿政策依据，因此不敢随意支配。三是横向补偿关系不够稳定，没有明确的补偿节点，如果补偿不到位，如何保护自己的权利尚待解决。

第一、二重困境在前文已经解决，第三重困境的权利救济首先要看地方政府之间签订的横向补偿协议是否约定了违约责任的承担。如果未约定，则双方协商能否达成一致意见。如未达成一致意见，则需要报送共同的上级行政机关决定。地方政府之间签订的横向补偿协议属于行政协议，但又不是典型的行政机关与行政相对人签订的行政协议，虽然签订的主体双方是平等的行政主体，但是所签订的内容和协议目的都不属于民事法律范围，因此在权利救济方式上要选择行政救济。

2. 对利益受损的居民、企业等权利救济

南水北调中线工程建设运行和维护中，水源区和沿线地区的居民、企业大量搬离甚至企业关闭以维护工程运行安全，是生态补偿的重要受偿主体。在南水北调补偿法律关系中，中线管理局是能够独立承担责任的

法人主体。就管理职能来说，中线管理局是代表国家来行使工程建设与运行管理职能的负责单位。就职责上说，中线管理局是协调和具体落实南水北调中线工程建设以及运营生态补偿资金的重要主体。但是在南水北调中线工程沿线的配套设施建设中，中线管理局等类似机构恰恰跳出了直接面对利益受损主体的部分，换由地方人民政府来代为执行拆迁、征地、补偿等重要工作。当然，制度设计有其内在的考虑，例如，地方人民政府是长期为受偿主体服务的机构，了解地方情况，便于与利益受损的居民、企业、工人等沟通、交流，达成合意。因此，中线管理局等机构在生态补偿制度中需要承担的法律责任更多地体现在管理职能上，而地方人民政府及其授权机关需要承担的法律责任多为行政法律责任。

1）行政救济途径

根据《中华人民共和国行政复议法》第二条的规定："公民、法人或者其他组织认为具体行政行为侵犯其合法权益，可以向行政机关提出行政复议申请"，提出的行政复议申请应当符合《中华人民共和国行政复议法实施条例》第二十八条的规定，即"有明确的申请人和符合规定的被申请人；申请人与具体行政行为有利害关系；有具体的行政复议请求和理由；在法定申请期限内提出；属于行政复议法规定的行政复议范围；属于收到行政复议申请的行政复议机构的职责范围；其他行政复议机关尚未受理同一行政复议申请，人民法院尚未受理同一主体就同一事实提起的行政诉讼。"

具体在南水北调工程沿线生态补偿法律活动中，如果沿线公民、法人或者组织认为当地行政机关做出的具体赔偿行为侵害了其合法权利，可以向该部门的本级人民政府申请行政复议，也可以向上一级主管部门申请行政复议。如果对行政复议决定不服，还可以向人民法院提起行政诉讼。

现代政府其实是有限政府，西方一些国家认为"有限政府的真谛正是如此。每当灾难来袭的时候，我们并不寻求或奢望政府能够提供慷慨的财政资助。"[①]因此他们认定政府只需要对不确定性的风险和灾难做出一

① FEINBERG K R.补偿的正义[M].孙伟，等译.北京：法律出版社，2013：57.

般性援助。但是南水北调中线工程的建设是我国各级政府共同推动的利国利民的民心工程，在工程建设中有公民、法人或者组织为了公共利益做出了牺牲，在法律关系上，并非对不确定性的风险和灾难做出的有限反应。因此，南水北调中线工程沿线生态补偿是政府在行政管理活动中应当履行的义务。利益受损的公民、法人或者组织有权对自己的合法权利进行维护。

2）司法救济途径

现阶段民众寻求司法救济的主要矛盾集中在南水北调工程建设过程中对农民土地、房屋等财产征收出现的补偿资金不满意、在干渠沿线建设配套工程时对征收、征用决定不服或者程序违法的案件。例如，王永书诉焦作市解放区人民政府请求法院确认强拆房屋行为违法一案，在向最高人民法院行政申诉中争议的关键就是南水北调工程绿化带是大中型水利水电工程建设项目，还是水资源保护区建设项目，该案到底应适用《大中型水利水电工程建设征地补偿和移民安置条例》（2017年修订），还是适用《国有土地上房屋征收与补偿条例》，这涉及地方政府做出行政行为的依据是否合法的问题。最终，此案由最高人民法院在2019年裁定南水北调工程绿化带属南水北调工程配套工程，适用《大中型水利水电工程建设征地补偿和移民安置条例》的规定，也因此裁定一审、二审人民法院认定焦作市解放区人民政府未履行法定程序即拆除王永书房屋行为违法，并无不当。此案中，最高人民法院认定干渠绿化工程配套建设亦应当适用《大中型水利水电工程建设征地补偿和移民安置条例》。而此条例二十二条第一款规定："大中型水利水电工程建设征收土地的土地补偿费和安置补助费，实行与铁路等基础设施项目用地同等补偿标准，按照被征收土地所在省、自治区、直辖市规定的标准执行。"这一规定《大中型水利水电工程建设征地补偿和移民安置条例》（2006年）规定的是："大中型水利水电工程建设征收耕地的，土地补偿费和安置补助费为该耕地被征收前三年平均年产值的16倍。"依据2015年《中共中央国务院关于加大改革创新力度加快农业现代化建设的若干意见》（中发〔2015〕1号）决定，重大水利工程建设的征地补偿实行与铁路等重大基础设施项目同等政策。铁路等重大基础设施项目自《国务院关于深化改革严格土地管理的决定》（国发

〔2004〕28 号）发布后，征地补偿标准由原来的按照前三年平均产值的 10 至 16 倍，逐步过渡到按照省、自治区、直辖市公布的统一年产值或者区片综合地价补偿做出的修改。“同地同价”是避免出现纠纷的关键。因此，在补偿标准出现纠纷的情况下，应当依据《大中型水利水电工程建设征地补偿和移民安置条例》的规定，按照省、自治区、直辖市公布的统一年产值或者区片综合地价补偿。

未来涉及南水北调工程沿线生态补偿的司法救济应当主要集中在企业、居民等对补偿程序、补偿标准、补偿资金的分配等产生的纠纷。根据南水北调工程沿线生态补偿法律关系的特点，公民、法人或者非法人组织在生态补偿工作过程中，如果认为自己的权利受到侵害，可以根据《中华人民共和国行政诉讼法》《中华人民共和国民法典》《中华人民共和国刑法》等法律依法维护自己的合法权益。南水北调工程沿线生态补偿工作中，如发现有行政机关工作人员滥用职权或者玩忽职守，致使公民、法人或者非法人组织利益遭受重大损失，公民、法人或者非法人组织可以依法向公安机关、人民检察院、人民法院等司法机关举报，一经查实，相关行政机关工作人员将会依法被追究其行政责任及刑事责任。

综上所述，构建南水北调工程沿线生态补偿法律制度是为了保障在工程的建设、运行、维护过程中牺牲了自己合法利益，顾全大局的公民、法人或者非法人组织的利益得到补偿，维护各主体间的权利义务关系，是实现南水北调工程顺利运行的根本保障。

参 考 文 献

一、中文著作及译著

[1] 王金南，庄国泰.生态补偿机制与政策设计国际研讨会论文集[M].北京：中国环境科学出版社，2006.

[2]《环境科学大辞典》编委会.环境科学大辞典[M].北京：中国环境科学出版社，1991.

[3] 吕忠梅.超越与保守——可持续发展视野下的环境法创新[M].北京：法律出版社，2003.

[4] 韩德培.环境保护法教程(第四版)[M].北京：法律出版社，2003.

[5] 杜群.生态保护法论——综合生态管理和生态补偿法律研究[M].北京：高等教育出版社，2012.

[6] 沈满洪.资源与环境经济学[M].北京：中国环境科学出版社，2007.

[7] 马克思，恩格斯.马克思选集(第三卷)[M].中共中央马克思恩格斯列宁斯大林著作编译局，译.北京：人民出版社，1995.

[8] 弗里曼.战略管理：一种利益相关者的方法[M].王彦华，梁豪译.上海：上海译文出版社，2006.

[9] 郑少华.生态主义法哲学[M].北京：法律出版社，2002.

[10] 卜众南，庄国泰.生态补偿机制与政策设计(生态补偿国际研讨会论文集)[M].北京：中国环境科学出版社，2005.

[11] 科特雷尔.环境经济学[M].北京：商务印书馆，1981.

[12] 陈慈阳.环境法总论[M].北京：中国政法大学出版社，2003.

[13] 秦天宝.环境法——制度·学说·案例[M].武汉：武汉大学出版社，2013.

[14] 罗典荣.环境法导论[M].北京：中国政法大学出版社，1988.

[15] 张守文.财税法学[M].北京：中国人民大学出版社，2011.

[16] 秦玉才、汪劲.中国生态补偿立法：路在前方[M].北京：北京大学出版社，2013.

[17] 才惠莲.我国跨流域调水生态补偿法律制度研究[M].北京：法律出版社，2018.
[18] 张中旺.南水北调中线工程与汉江流域可持续发展[M].武汉：长江出版社，2007.
[19] 胡德胜，肖国兴.澳大利亚水资源法律与政策[M].郑州：郑州大学出版社，2008.
[20] 陈克亮，张继伟，姜玉环，等.中国海洋生态补偿立法：理论与实践[M].北京：海洋出版社，2018.
[21] 王光谦，欧阳琪，张远东，等.世界调水工程[M].北京：科学出版社，2009.
[22] 奥尔森.集体行动的逻辑[M].陈郁，译.上海：上海三联书店，1995.

二、中文论文

[1] 张诚谦.论可更新资源的有偿利用[J].农业现代化研究，1987(5).
[2] 曹明德.对建立我国生态补偿制度的思考[J].法学，2004(3).
[3] 吴晓青，陀正阳，杨春明，等.我国保护区生态补偿机制的探讨[J].国土资源科技管理，2002(2).
[4] 杜振华，焦玉良.建立横向转移支付制度实现生态补偿[J].宏观经济研究，2004(9).
[5] 陈丹红.构建生态补偿机制实现可持续发展[J].生态经济，2005(12).
[6] 刑丽.关于建立中国生态补偿机制的财政对策研究[J].财政研究，2005(1).
[7] 何国梅.构建西部全方位生态补偿机制保证国家生态安全[J].贵州财经学院学报，2005(4).
[8] 张广裕.构建甘肃生态文明建设补偿机制的思考[J].新西部(理论版)，2014(35).
[9] 董战峰，李红祥，璩爱玉，等.长江流域生态补偿机制建设：框架与重点[J].中国环境管理，2017(6).
[10] 谢青霞，张巍，吴颜嘉.抚州市水资源生态补偿机制探索与实践[J].水资源开发与管理，2018(12).
[11] 刘桂环，朱媛媛，文一惠，等.关于市场化多元化生态补偿的实践基础与推进建议[J].环境与可持续发展，2019(4).
[12] 张炳淳.生态补偿机制的法律分析[J].河北学刊，2008(1).
[13] 梁丽娟，葛颜祥，傅奇蕾.流域生态补偿选择性激励机制——从博弈论视角的分析[J].农业科技管理，2006(4).
[14] 李镜，张丹丹，陈秀兰，等.岷江上游生态补偿的博弈论[J].生态学报，2008(6).
[15] 孟宪文，秦作栋，薛占金.汾河流域生态补偿机制的关键问题[J].中国水土保持科学，2013(6).

[16] 赵娜.生态补偿需善用市场之手[J].水利文萃,2014(2).
[17] 赵森峰,黄德林.国家公园生态补偿主体的建构研究[J].安全与环境工程,2019(1).
[18] 杨晓阳,张凤臣,柴永煜,等.关于我国森林生态效益补偿制度的思考——以青海海西州森林生态效益补偿实施为例[J].林业资源管理,2007(2).
[19] 吴萍.公益林生态补偿的法律价值评析[J].北方论丛,2010(5).
[20] 张广帅,赵全民,唐晨.我国海洋生态补偿的法律体系和制度框架[J].海洋开发与管理,2019(4).
[21] 王福兴,姜丽秋.生物多样性保护的生态补偿机制[J].经济地理,2008(4).
[22] 隋春花,赵丽.广东生态发展区生态补偿机制建设探讨[J].经济地理,2010(7).
[23] 张思锋,杨潇.煤炭开采区生态补偿标准体系的构建与应用[J].中国软科学,2010(8).
[24] 戴轩宇,李升峰.自然保护区生态补偿问题研究——江苏省大丰麋鹿国家级自然保护区案例分析[J].河南科学,2008(26).
[25] 熊鹰,王克林,蓝万炼,等.洞庭湖区湿地恢复的生态补偿效应评估[J].地理学报,2004(5).
[26] 李晓光,苗鸿,郑华,等.机会成本法在确定生态补偿标准中的应用——以海南中部山区为例[J].生态学报,2009(9).
[27] 杨光梅,闵庆文,李文华,等.基于CVM方法分析牧民对禁牧政策的受偿意愿——以锡林郭勒草原为例[J].生态环境,2006(15).
[28] 马俊丽,路利苹.贵阳市水源地生态补偿标准的实证分析——以花溪水库为例[J].现代商贸工业,2012(10).
[29] 孔凡斌,廖文梅.基于排污权的鄱阳湖流域生态补偿标准研究[J].江西财经大学学报,2013(4).
[30] 蒋毓琪,陈珂,朱少英,等.浑河流域森林生态补偿标准测算[J].水土保持通报,2018,38(6).
[31] 王志凌,谢宝剑,谢万贞.构建我国区域间生态补偿机制探讨[J].学术论坛,2007(3).
[32] 任世丹,杜群.国外生态补偿制度的实践[J].环境经济,2009(11).
[33] 何沙,邓璨.国外生态补偿机制对我国的启发[J].西南石油大学学报,2010(4).
[34] 孔凡斌.生态补偿机制国际研究进展及中国政策选择[J].中国地质大学学报,2010(2).

[35] 戴茂华，谢青霞.论我国矿产资源开发生态补偿机制的法律构建——以稀有金属矿开发为例[J].东华理工大学学报，2014(1).

[36] 胡秋红.资源节约型、环境友好型社会与绿色环境税收[J].湖北财经高等专科学校学报，2006(4).

[37] 李文华，李芬，李世东，等.森林生态效益补偿的研究现状与展望[J].自然资源学报，2006，21(5).

[38] 王昱，丁四保，卢艳丽.中国区域生态补偿中的补偿标准问题研究[J].中国发展，2001(6).

[39] 张志强，程莉，尚海洋，等.流域生态系统补偿机制研究进展[J].生态学报，2012，32(20).

[40] 刘加林，周发明，刘辛田，等.生态资本运营机制探讨——基于生态补偿视角[J].科技管理研究，2015(14).

[41] 尚海洋.影响流域生态补偿中生态工人创新机制的因素分析——以石羊河流域为例[J].冰川冻土，2017(6).

[42] 刘尊梅.我国农业生态补偿政策的框架构建及运行路径研究[J].生态经济，2014(5).

[43] 何彪.跨区域生态补偿机制研究[J].农村经济与科技，2014(1).

[44] 郭少青.论我国跨省流域生态补偿机制建构的困境与突破——以新安江流域生态补偿机制为例[J].西部法学评论，2013(06).

[45] 万军，张惠远，王金南，等.中国生态补偿政策评估与框架初探[J].环境科学研究，2005(2).

[46] 陈世伟，雷晨光，缪建萍.鄱阳湖生态经济区生态补偿制度的立法完善[J].江西社会科学，2010(10).

[47] 黄霞，彭赟.我国资源枯竭型城市转型中生态补偿机制的构建——以湖北省大冶市为例[J].中国矿业，2009(2).

[48] 赵霞.建立汉江中下游地区生态补偿机制及其对策研究[J].水利经济，2010(4).

[49] 王洛林，魏后凯.我国西部大开发的进展及效果评价[J].财贸经济，2003(10).

[50] 穆治锟.增进生态资本：可持续发展的基本要求[J].科技导报，2004(1).

[51] 沈满洪，杨天.生态补偿机制的三大理论基石[N].中国环境报，2004-03-02.

[52] 臧旭恒，曲创.从客观属性到宪政决策——论“公共物品”概念的发展与演变[J].山东大学学报(人文社会科学版)，2002(2).

[53] 马世骏.现代化经济建设与生态科学——试论当代生态学工作者的任务[J].生态

学报,1981(1).
[54] 才惠莲.我国跨流域调水生态补偿法律问题的探讨[J].武汉理工大学学报(社会科学版),2014,27(02).
[55] 杜建勋.环境正义：环境法学的范式转移[J].北方法学,2012(6).
[56] 刘晶.环境正义视域下的我国森林生态补偿问题探析[J].北京林业大学学报(社会科学版),2017(2).
[57] 朱力,龙永红.中国环境正义问题的凸显与调控[J].南京大学学报(哲学・人文科学・社会科学版),2012(1).
[58] 秦天宝.程序正义：公众环境权益保障新理念——《环境保护公众参与办法》解读[J].环境保护,2015(20).
[59] 顾岗,陆根法,蔡邦成.南水北调东线水源地保护区建设的区际生态补偿研究[J].生态经济,2006(2).
[60] 丁轶.反科层制治理：国家治理的中国经验[J].学术界,2016(11).
[61] 朱桂香.略论南水北调中线水源区生态补偿机制的建立[J].生态经济,2009(9).
[62] 李雪松,李婷婷.南水北调中线工程水源地市场化生态补偿机制研究[J].长江流域资源与环境,2014(11).
[63] 刘卫先.环境法学中的环境利益：识别、本质及其意义[J].法学评论,2016(3).
[64] 杜群.长江流域水生态保护利益补偿的法律调控[J].中国环境管理,2017(3).
[65] 杨朝霞.环境公益诉讼的实体权利基础和起诉序位——兼谈自然资源权和环境权的创设[J].中国环境法治,2013(02).
[66] 刘旭芳,李爱年.论生态补偿的法律关系[J].时代法学,2007(1).
[67] 王国栋,王焰新,涂建峰.南水北调中线工程水源区生态补偿机制研究[J].人民长江,2012(11).
[68] 梁增然.我国森林生态补偿制度的不足与完善[J].中州学刊,2015(3).
[69] 李国平,王奕淇,张文彬.南水北调中线工程生态补偿标准研究[J].资源科学,2015(10).
[70] 徐莉萍,蔡雅欣,李姣好.生态财政转移支付制度研究[J].中国人口・资源与环境,2012(22).
[71] 段显明,许玫,林永兰.关于森林生态效益经济补偿机制的探讨[J].林业经济问题,2001(2).
[72] 费世民,彭镇华,周金星,杨冬生.关于森林生态效益补偿问题的探讨[J].林业科学,2004(4).

[73] 韦贵红.我国森林生态补偿立法存在的问题与对策[J].北京林业大学学报(社会科学版),2011(4).
[74] 万志芳,耿玉德.关于公益林生产经营补偿的思考[J].林业经济问题,1999(3).
[75] 李文华,李世东,李芬,刘某承.森林生态补偿机制若干重点问题研究[J].中国人口·资源与环境,2007(2).
[76] 汪劲.中国生态补偿建设历程及展望[J].环境保护,2014(5).
[77] 才惠莲.我国跨流域调水水环境安全的法律保护[J].武汉理工大学学报(社会科学版),2010(23).
[78] 曹明德,王凤远.跨流域调水生态补偿法律问题分析——以南水北调中线库区水源区(河南部分)为例[J].中国社会科学院研究生院学报,2009(2).
[79] 郭晖,陈向东,刘钢.南水北调中线工程水权交易实践探析[J].南水北调与水利科技,2018(16).
[80] 朱九龙,王俊,陶晓燕,王世军.基于生态服务价值的南水北调中线水源区生态补偿资金分配研究[J].生态经济,2017(33).
[81] 唐萍萍,胡仪元.南水北调中线工程汉江水源地生态补偿计量模型构建[J].统计与决策,2015(16).
[82] 汪达.国外跨流域调水工程对生态环境的影响与发展方向[J].国外环境科学技术,1989(4).
[83] 王海潮,蒋云钟,鲁帆,董延军.国外跨流域调水工程对南水北调中线运行调度的启示[J].水利水电科技进展,2008(2).
[84] 沈滢,毛春梅.国外跨流域调水工程的运营管理对我国的启示[J].南水北调与水利科技,2015(13).
[85] 屈诗雨,刘德地.跨流域调水中的生态补偿问题及其建议[J].水电与新能源,2017(6).
[86] 夏军.跨流域调水及其对陆地水循环及水资源安全影响[J].应用基础与工程科学学报,2009(6).
[87] 赵玉山,朱桂香.国外流域生态补偿的实践模式及对中国的借鉴意义[J].世界农业,2008(4).
[88] 侯小虎,金海,谷丽雅,张林若.国外调水工程供水合同分析及对我国南水北调工程的启示[J].水利发展研究,2018(18).
[89] 皮钧,熊雁晖.加利福尼亚调水工程对我国调水工程的启示[J].南水北调与水利科技,2004,2(4).

[90] 吴志宏.美国加州"北水南调"工程的启示[J].水利天地,2003(03).
[91] 周彬.美国加利福尼亚水资源开发及高产值利用[J].中国水利,1986(04).
[92] 河南省水利厅赴美国培训团.美国大型水利工程建设与管理的启示[J].河南水利与南水北调,2007(04).
[93] 陈玉恒.国外大规模长距离跨流域调水概况[J].南水北调与水利科技,2002(3).
[94] 吴初国,刘丽,宋国明.印度的自然资源管理[J].国土资源情报,2015(1).
[95] 杨翠柏,黄卉.印度河水条约评析[J].南亚研究季刊,2012(3).
[96] 杨翠柏,陈宇.印度水资源法律制度探析[J].南亚研究季刊,2013(2).
[97] 丁杨.发展中国家典型环境服务付费实践案例分析——肯尼亚的经验与启示[J].资源开发与市场,2017(1).
[98] 彭贤则,余谦.国内外流域生态补偿经验与启示[J].特区经济,2015(8).
[99] 何宝根.巴西水资源考察实践及对我们的启示[J].人民珠江,2011(32).
[100] 李运辉,陈献耘,沈艳忱.印度萨达尔萨罗瓦调水工程[J].水利发展研究,2003(05).
[101] 李远辉,陈献耘,沈艳忱.美国中亚利桑那调水工程[J].水利发展研究,2003(03).
[102] 王龙,徐厚臻.国外著名的调水工程概览[J].地理教学,2010(14).
[103] 刘强,殷大聪,刘强等.国外跨流域调水管理对我国水资源配置的启示[J].人民长江,2011,42(18).
[104] A.莫利纳,朱庆云.西班牙水资源短缺问题及水政策取向——调水、海水淡化和污水再利用等方案之间的平衡[J].水利水电快报,2017(10).
[105] 李梦雨,王圣瑞.西班牙河湖水环境保护与治理[J].中国环境管理干部学院学报,2016,26(6).
[106] 朱庆云.西班牙埃布罗河流域水文规划方案[J].水利水电快报,2014,35(09).
[107] 黄永明.调水的环境代价：从韩国大运河到印度调水工程[J].今日国土,2008(3).
[108] J.P.G.安德雷德,朱庆云.巴西跨流域调水实践与国际案例比较[J].水利水电快报,2011(12).

三、学位论文

[1] 刘礼.区域公共治理视角下湘江流域水资源生态补偿机制研究[D].长沙：湖南大学,2016.

[2] 樊辉.基于全价值的石羊河流域生态补偿研究[D].西安：西北农林科技大学,2016.

[3] 李佳霓.流域生态补偿问题研究[D].泰安：山东农业大学,2015.

[4] 聂倩.我国流域生态补偿财政政策研究[D].南昌：江西财经大学,2015.

[5] 徐继龙.政府主导型的长江流域生态补偿机制研究[D].重庆：重庆大学,2010.

[6] 杨伊菁.江苏省流域生态补偿模式与改进对策研究[D].南京：南京理工大学,2017.

[7] 王亮亮.我国流域生态补偿问题研究[D].南昌：江西理工大学,2015.

[8] 黄润源.生态补偿法律制度研究[D].上海：华东政法大学,2009.

[9] 陈晓景.流域管理法研究：生态系统管理的视角[D].青岛：中国海洋大学,2006.

[10] 冯刚.新农村建设中经济与生态保护协调发展模式研究[D].北京：北京林业大学,2008.

[11] 芦海燕.基于生态系统核算的流域生态补偿研究[D].兰州：兰州大学,2019.

[12] 刘彩梅.鄱阳湖生态经济区生态资本运营与生态补偿耦合机制研究[D].南昌：青岛大学,2011.

[13] 牛荣.西部生态投资补偿方式及政策研究[D].西安：西北农林科技大学,2007.

[14] 王希.我国生态补偿法律制度的基本原则研究[D].长春：吉林大学,2015.

[15] 孔德帅.区域生态补偿机制研究[D].北京：中国农业大学,2017.

[16] 张百灵.正外部性理论与我国环境法新发展[D].武汉：武汉大学,2011.

[17] 张一群.云南保护地旅游生态补偿[D].昆明：云南大学,2015.

[18] 陈海鹰.自然保护区旅游生态补偿运作机理与实现路径研究[D].昆明：云南大学,2016.

[19] 杨春平.我国生态补偿制度研究[D].长春：吉林大学,2016.

[20] 包洪福.南水北调中线工程对丹江口库区生物多样性的影响分析[D].哈尔滨：东北林业大学,2013.

[21] 苏颜.西班牙的环境保护与国际合作研究[D].青岛：青岛大学,2019.

四、外文文献

[1] LARSON J S, MAZZARESE D B. Rapid assessment of wetlands: History and application to Management[C]//W J Mitsch. Global Wet-lands: Old World and Newed. Amsterdam: Elsevier Science B V, 1994.

[2] JOHST K, DRECHSLER M, WÄTZOLD F. An ecological-economic modelling

procedure to design compensation payments for the efficient spatio-temporal allocation of species protection measures[J]. Ecological Economics, 2002, 41(1).

[3] HAMDAR B. An efficiency approach to managing Mississippi's marginal land based on the conservation reserve program (CRP)[J]. Resources Conservation and Recycling, 1999, 26(1): 15-24.

[4] COOPER J C, OSBORN T. The Effect of Rental Rates on the Extension of Conservation Reserve Program Contracts[J]. MPRA Paper, 1998, 80(1): 184-194.

[5] ACAM, BTLH. Changes in attitudes about importance of and willingness to pay for salmon recovery in Oregon[J]. Journal of Environmental Management, 2006, 78(4): 330-340.

[6] BANDARA R, TISDELL C. Changing abundance of elephants and willingness to pay for their conservation[J]. Journal of Environmental Management, 2005, 76(1): 47-59.

[7] NJENGA N. Engaging Local Business in PES Leasons from Lake Naivasha, Kenya[R]. FAO, Rome, 2013.

[8] APSE C, BRYANT B. Upper Tana — Nairobi Water Fund Business Case[R]. The Nature Conservancy: Nairobi, Kenya, 2015.

[9] FAO. The State of Food and Agriculture 2007: Paying Farmers for Environmental Services[M]. United Nations: 2007-02-07.

[10] World Resource Institute (WRI). Ecosystem Services: A Guide for Decision Makers[R]. Washington D. C: Island Press, 2008.

[11] HOLTERMANN S E. Externalities and Public Goods[J]. Economica, 1972, 39(153).

[12] ROBERT D B. Environmental Racism and the Environmental Justice Movement[C]. Merchant, Sociology: Key Concept in Critical Theory, NewJersey Humanities Press, 1994.

[13] Stuart R D, Taylor R. An assessment of Spain's Programa AGUA and its implications for sustainable water management in the province of Almería, southeast Spain[J]. Journal of Environmental Management, 2007, 82(2).

[14] DIWAN V. Maharashtra proposal for inter-basin water transfer[J]. Resource protection and circular utilization, 2005, 40(1).

[15] SABNIS S. Environmental Overview of the Sardar Sarovar Project [J]. International Journal of Water Resources Development, 2001, 17(1).

[16] MADHAV A. Chitale. The Narmada Project[J]. International Journal of Water Resources Development, 1997, 13(2).

[17] Márcia Maria Rios Ribeiro. A Few Comments on the Brazilian Water Resource Policy[J]. New Water Policy & Practice, 2017, 3(1-2).

[18] BENJAMIN A H, MARQUES C L, TINKER C. The Water Giant Awakes: An Overview of Water Law in Brazil [J]. Texas Law Review, 2006, 83 (7): 2185-2244.

[19] VICTOR D G, ALMEIDA P, WONG L. Water Management Policy in Brazil[J]. SSRN Electronic Journal, 2015(21).

[20] PERROT-MAÎTRE D, DAVIS P. Case Studies of Markets and Innovative Financial Mechanisms for Water Services from Forests[M]. Washington D. C: Forests Trends, 2001.